KB133753

파도파도 재밌고
까도까도 유익한

원소 이야기

파도파도 재밌고 까도까도 유익한

일상 속 원소이야기

초판 1쇄 발행 2023년 11월 10일

글쓴이   사마키 다케오, 겐소가쿠탄
옮긴이   김지예

편집   이용혁
디자인   김현수

펴낸곳   (주)동아엠앤비
출판등록 2014년 3월 28일(제25100-2014-000025호)
주소   (03972) 서울특별시 마포구 월드컵북로 22길 21, 2층
홈페이지 www.dongamnb.com
전화   (편집) 02-392-6901 (마케팅) 02-392-6900
팩스   02-392-6902
이메일   damnb0401@naver.com
SNS

ISBN 979-11-6363-719-6 (03400)

※ 책 가격은 뒤표지에 있습니다.
※ 잘못된 책은 구입한 곳에서 바꿔 드립니다.
※ 본문에서 책 제목은 『 』, 논문, 보고서는 「 」, 잡지나 일간지 등은 《 》로 구분하였습니다.

01
파파재
까까유

파도파도 재밌고 까도까도 유익한
원소 이야기

일상 속 숨은 원소 찾기

사마키 다케오·겐소가쿠탄 지음
김지예 옮김

동아엠앤비

　원소를 이해한다는 것은 우리 주변의 물질뿐만 아니라 우주에 있는 물질까지 포함한 '근본'을 알게 되는 것입니다.

　인류가 지적으로 사물을 고찰하게 되었을 때 가장 근본적인 의문은 '우주를 포함한 이 세계는 궁극적으로 무엇으로 구성되어 있는가?'였습니다. 이 의문을 시작으로 세계를 구성하고 있는 '근본'인 원소에 대한 탐구가 시작되었습니다. 오랜 시간이 흘러, 원소의 실체는 각각의 원소에 해당하는 원자라는 것이 밝혀졌습니다.

　이 책은 제1장에서 원소의 실체인 원자의 구성 요소와 원소를 모두 모아놓은 원소 주기율표에 대한 기초를 배우고, 제2장에서 빅뱅에서 시작된 우주의 구성 요소와 원소, 지구를 구성하는 원소를 살펴볼 것입니다. 우리와는 거리가 먼 이야기처럼 생각할 수도 있지만, 사실 우리는 우주에서 생성된 원소로 만들어진 '별의 자손'이기 때문에 생각하기에 따라서는 우리와 가장 밀접한 이야기인 것입니다.

　우리 주변에 있는 것들은 모두 물질로 구성되어 있습니다.

우리의 신체도, 입고 있는 옷도, 살아가기 위해 필요한 음식물도, 물이나 공기도 모두 물질입니다. 또한 우리 주변에는 금속, 도자기, 유리, 플라스틱처럼 다양한 물질이 존재합니다. 이 모든 물질을 구성하는 기본적인 성분이 원소입니다. 원소는 한마디로 말하면 원자의 종류라고 할 수 있습니다.

물질 가운데 이름이 붙어 있는 것이 1억 종류가 훨씬 넘는데, 이 엄청난 종류의 물질을 구성하고 있는 원소들은 현재 118종류가 밝혀졌습니다. 이 원소들은 원소 주기율표에 정리되어 있는데, 그중에서 천연으로 존재하는 원소는 약 90종류에 지나지 않습니다.

조금 어려울 수도 있지만, 제1장의 원소의 기초를 다루는 내용부터 차분히 읽어 보시기 바랍니다. 간단하게 정리되어 있는 내용이지만 과학자들이 오랜 기간에 걸쳐 물질을 탐구한 결과 얻게 된 지적인 성과이기 때문입니다.

제가 원소에 대해 기술한 최근 저서는 2019년의 『재미있어서 잠 못 드는 원소』(PHP 연구소)였습니다. 해당 저서에서는 원자번호 순으로 원소 하나하나에 대해 해설했습니다. 한편, 이 책에서는 시선을 달리하여 우리 주변의 물질이 어떤 원소로 구성되어 있는지에 대해 이야기해 보려고 합니다.

이 책에서는 원자 번호 순으로 각각의 원소를 설명하는 것이 아니라 우리 주변의 물질이 어떤 원소로 구성되어 있는지를 즐겁게 알아보려고 합니다.

우리 선조들이 고대에 발견한 원소에 대한 이야기부터, 현재의 편리하고 풍족한 생활에 기여하는 원소에 대한 이야기처럼 의외로 잘 몰랐던 이야기와 가슴 설레는 이야기가 펼쳐질 것입니다.

제가 지금까지 저술한 원소에 대한 책들과의 차별화를 위해서 이 책은 젊은 과학자인 겐소가쿠탄 씨와 공동 저술했습니다.

겐소가쿠탄 씨가 트위터에 투고한 글에서 배울 점이 많았고, 이 책에서 원소에 대한 그의 감각을 살리기를 원했기 때문입니다. 서로 의견을 교환하면서 원고를 완성했습니다. 이렇게 책이 완성되고 나니, 겐소가쿠탄 씨와의 공저를 통해 정말 좋은 책이 탄생했다는 생각이 듭니다.

그러면 함께 원소의 세계를 즐겨보시죠!

2021년 4월

사마키 다케오

원소 주기율표

족 주기	1	2	3	4	5	6	7	8	9
1	1 **H** 수소								
2	3 **Li** 리튬	4 **Be** 베릴륨							
3	11 **Na** 나트륨	12 **Mg** 마그네슘							
4	19 **K** 칼륨	20 **Ca** 칼슘	21 **Sc** 스칸듐	22 **Ti** 타이타늄	23 **V** 바나듐	24 **Cr** 크로뮴	25 **Mn** 망가니즈	26 **Fe** 철	27 **Co** 코발트
5	37 **Rb** 루비듐	38 **Sr** 스트론튬	39 **Y** 이트륨	40 **Zr** 지르코늄	41 **Nb** 나이오븀	42 **Mo** 몰리브데넘	43 **Tc** 테크네튬	44 **Ru** 루테늄	45 **Rh** 로듐
6	55 **Cs** 세슘	56 **Ba** 바륨	57~71 **란타넘족**	72 **Hf** 하프늄	73 **Ta** 탄탈럼	74 **W** 텅스텐	75 **Re** 레늄	76 **Os** 오스뮴	77 **Ir** 이리듐
7	87 **Fr** 프랑슘	88 **Ra** 라듐	89~103 **악티늄족**	104 **Rf** 러더포듐	105 **Db** 더브늄	106 **Sg** 시보귬	107 **Bh** 보륨	108 **Hs** 하슘	109 **Mt** 마이트너륨

배경 마크

- 기체
- 액체
- 고체
- 형상 불명

란타넘족	57 **La** 란타넘	58 **Ce** 세륨	59 **Pr** 프라세오디뮴	60 **Nd** 네오디뮴	61 **Pm** 프로메튬	62 **Sm** 사마륨
악티늄족	89 **Ac** 악티늄	90 **Th** 토륨	91 **Pa** 프로트악티늄	92 **U** 우라늄	93 **Np** 넵투늄	94 **Pu** 플루토늄

10	11	12	13	14	15	16	17	18
								2 He 헬륨
			5 B 붕소	6 C 탄소	7 N 질소	8 O 산소	9 F 플루오린	10 Ne 네온
			13 Al 알루미늄	14 Si 규소	15 P 인	16 S 황	17 Cl 염소	18 Ar 아르곤
28 Ni 니켈	29 Cu 구리	30 Zn 아연	31 Ga 갈륨	32 Ge 저마늄	33 As 비소	34 Se 셀레늄	35 Br 브로민	36 Kr 크립톤
46 Pd 팔라듐	47 Ag 은	48 Cd 카드뮴	49 In 인듐	50 Sn 주석	51 Sb 안티모니	52 Te 텔루륨	53 I 아이오딘	54 Xe 제논
78 Pt 백금	79 Au 금	80 Hg 수은	81 Tl 탈륨	82 Pb 납	83 Bi 비스무트	84 Po 폴로늄	85 At 아스타틴	86 Rn 라돈
110 Ds 다름슈타듐	111 Rg 뢴트게늄	112 Cn 코페르니슘	113 Nh 니호늄	114 Fl 플레로븀	115 Mc 모스코븀	116 Lv 리버모륨	117 Ts 테네신	118 Og 오가네손

63	64	65	66	67	68	69	70	71
Eu 유로퓸	Gd 가돌리늄	Tb 터븀	Dy 디스프로슘	Ho 홀뮴	Er 어븀	Tm 툴륨	Yb 이터븀	Lu 루테튬

95	96	97	98	99	100	101	102	103
Am 아메리슘	Cm 퀴륨	Bk 버클륨	Cf 캘리포늄	Es 아인슈타이늄	Fm 페르뮴	Md 멘델레븀	No 노벨륨	Lr 로렌슘

Chapter
01

원소의 기초를
이해해 봅시다!

원소의 근원이 '물'이었다고요?

예로부터 '만물의 '근원'은 무엇으로 이루어져 있을까?'라는 의문이 있었습니다. 그것이 바로 원소입니다. 먼저 고대 그리스 철학자들이 세계를 어떻게 해석하려고 했는지에 대해서 살펴보겠습니다.

만물의 '근원'이란 무엇인가?

지금으로부터 2천몇 백 년 전 고대 그리스의 철학자들은 이 세계가 무엇으로 구성되어 있는지, 세계의 '근원'에 대해 의문을 가졌습니다. '만물은 하나 혹은 여러 종류의 '근원', 다시 말해 원소로 구성되어 있다'고 생각한 것입니다. '7인의 현자' 중 한 명이라고 언급되는 철학자 탈레스[001]는 물을 원소라고 생각했고, 만물은 물로 이루어져 있으며 물로 돌아간다고 기술했습니다. '만물의 형태는 천차만별이지만 단 하나의 근원 물질(원소)로 이루어져 있으며, 이 근원 물질은 새로 생겨나지도 않고, 없어지지도 않으며(불생불멸) 형태를 바꾸어 자연 현상으로 나타나는 것, 이 근원 물질이야말로 물이다'라고 말했습니다.[002]

그 후, 철학자인 엠페도클레스[003]는 '만물은 하나의 원소가 아니라

---

001 고대 그리스 철학자(기원전 624~546년경). 기록에 남아 있는 가장 오래된 철학자이며 '철학의 아버지'라고 불린다. 만물의 원리를 물이라고 생각했으며, 다른 모든 사물은 물을 통해 발생하는 것이라고 주장했다.

002 탈레스가 말하는 원소 '물'은 흔히 말하는 식수가 아니다. 탈레스는 물이 고체, 액체, 기체 상태 사이를 종횡하며 쉼 없이 변화하고 모습을 바꾸고, 이윽고 또다시 처음 상태로 돌아간다고 주장했다.

003 고대 그리스 철학자(기원전 490~430년경).

여러 원소로 구성되어 있다'라고 주장하며, 불, 공기, 물, 흙을 만물을 구성하는 원소라고 생각하는 '사원소설'을 제창했습니다. 나무를 가열하면 불이 붙어서 타 버리고, 공기(바람)를 발생하게 하며, 물(습기)이 생긴 후 흙(재)을 남깁니다. 이 사실은 나무의 성분인 불, 공기, 물, 흙의 네 성분으로 나뉘었음을 의미하는 것이라고 말했습니다.

아톰과 원자론

비슷한 시대에 물체는 입자로 구성되어 있다고 생각하는 사람들도 나타났습니다. '텅 빈 공간(진공)에서 원자가 상호 결합되기도 하고 분열되기도 하는 격렬한 움직임으로 가득 찬 세계'를 떠올린 것입니다. 만물을 구성하는 '근원'은 무수히 많은 입자로 구성되어 있고, 각 입자는 결코 부서지지 않는다고 생각해서 이를 그리스어로 '부서지지 않는 것'을 의미하는 '아톰(원자)'이라고 불렀습니다. 만물은 '원자가 조합하여 만들어지는 것이며 불, 공기, 물, 흙도 예외가 아니다'라고 생각했습니다. 이처럼 만물이 원자로 구성되어 있다고 하는 이론을 '원자론'이라고 합니다.

아리스토텔레스와 4원소

그 후 아리스토텔레스[004]는 물질은 네 가지 기본 원소인 '불, 공기, 물, 흙'으로 구성되어 있으며 얼마든지 작게 쪼갤 수 있다고 생각했습니다. 더 나아가 이 4원소가 가진 성질에 '뜨거움과 차가움', '건조함과 습함'

---

004 고대 그리스에서 가장 영향력 있는 철학자(기원전 384~322년). 유럽에서는 19세기에 이르기까지 계속 영향을 미쳤으며, 기독교에서는 그의 사상을 많은 부면에서 이용했고 그를 신격화하고 숭상했다.

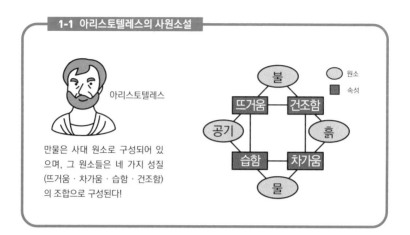

아리스토텔레스

만물은 사대 원소로 구성되어 있
으며, 그 원소들은 네 가지 성질
(뜨거움 · 차가움 · 습함 · 건조함)
의 조합으로 구성된다!

불

뜨거움　건조함

공기　　　　　흙

습함　차가움

물

○ 원소
■ 속성

의 서로 상반된 성질을 연관 지어 이 조합이 만물을 구성한다고 생각
했습니다. 예를 들어 냄비에 물을 넣은 후 불 위에 올리게 되면 불이 가
진 성질 중 하나인 '열'은 물의 성질 중 하나인 '습기'와 함께 '공기'가 되
며, 물이 증발해버리면 불의 성질인 '건조함'과 물의 성질인 '차가움'과
함께 흙이 된다는 주장입니다. 원자론은 잊히고, 오랜 기간 동안 아리
스토텔레스의 사원소설이 지배적이 되었습니다.

원소의 정의

17세기에 영국의 보일[005]이 원소는 '어떠한 방법을 사용해도 성분을 분
해할 수 없는 물질'이라고 정의했습니다. 실험에 기반을 둔 정의를 확
립한 것이 특징입니다. 보일의 정의에 따르면 원소는 네 개에 국한되
지 않습니다. 예를 들어 보일의 주장 이후에 프랑스의 화학자 라부아

005　　로버트 보일(1627~1691년). 온도가 일정한 경우, 기체의 부피는 압력에 반비례한다
　　　　는 '보일의 법칙'을 발견함. '근대 화학의 아버지'라고 불린다.

지에[006]는 1789년 저서 '화학원론'에서 당시에 발견된 33종류의 원소를 정리했습니다. 몇 가지 오류[007]도 포함되어 있기는 했지만, 그중 많은 수는 지금도 원소로 인정받고 있습니다.

---

006 앙투안 라부아지에(1743~1794년). '질량 보존 법칙'을 발견했다. 이후 프랑스 혁명에서 처형되었다.

007 열(칼로릭)과 빛을 비롯해 석탄과 같은 몇 가지 화합물을 원소에 포함시켰다.

원소의 기초를 이해해 봅시다!

02

원자란 과연 무엇일까요?

오랜 기간 동안 잊혔던 원자론이 점차 부활하면서, 19세기 초에 돌턴의 원자설의 등장으로 원소에 대한 개념과 원자론이 결부되었습니다.

돌턴의 원자설

1803~1808년에 영국의 돌턴[008]이 '물질은 원자로 구성되어 있다'는 원자설을 발표했고, 원자의 상대적인 무게인 '원자량'을 제안했습니다. 원자설에서는 각각의 원소에 대응하는 고유한 성질을 가진 원자가 있다고 주장했습니다. 동일 원소에 속하는 원자는 모든 점에서 동일하며, 다시 말해 원소의 수만큼 원자가 있다고 생각했습니다. 돌턴의 원자설은 다음 페이지에서 자세하게 다루겠습니다.

　돌턴이 주장한 원자설과 원자량이 계기가 되어, 그 후 100년에 걸쳐 원자량에 대한 탐구가 널리 퍼져나갔습니다. 특히 이탈리아의 아보가드로[009]가 '수소와 산소 같은 기체는 각각의 원자가 두 개씩 결합된 분자로 구성되어 있다'는 분자설을 제안한 것과 새로운 원소가 계속해서 발견된 것, 원소가 주기율표로 정리된 것과 원자의 내부 구조가 밝혀진 사실 등을 통해 원자가 어떠한 존재인지 명확히 밝혀지기 시작했습니다.

008　존 돌턴(1766~1844년). 돌턴의 원자설 덕분에 질량 보존의 법칙과 정비례의 법칙이 설명될 수 있었습니다.

009　아메데오 아보가드로(1776~1856년). 동일한 압력, 동일한 온도, 동일한 부피인 모든 종류의 기체에는 동일한 수의 분자가 포함되어 있다고 하는 '아보가드로의 법칙'을 발견했다.

원자의 내부는 어떻게 구성되어 있을까요?

현재까지 알려진 원소는 118종류입니다. 이 원소들을 구성하는 원자는 모두 중심에 있는 원자핵과 원자핵 주변에 있는 몇 개의 전자로 구성되어 있습니다.[010] 원자핵 주변에 있는 전자의 수는 원자의 종류에

2-1 돌턴의 원자설

존 돌턴

- 모든 물질은 원자라고 불리는 대단히 작은 입자가 모여서 구성된 것이다(지금은 이 내용에 오류가 있음이 밝혀졌고, 원자핵과 전자, 더 나아가 중성자와 쿼크가 발견되었다).
- 원자는 그 이상 분해할 수 없는 최소 단위의 입자이다.
- 원자는 화학 변화를 통해 소멸되거나 새롭게 생성될 수 없다.
- 동일한 원소의 원자는 질량이나 크기가 동일하며, 다른 원소의 원자와는 질량이나 크기에 차이가 있다.

2-2 원자의 특징

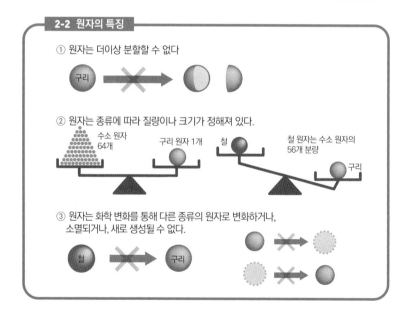

① 원자는 더이상 분할할 수 없다

구리

② 원자는 종류에 따라 질량이나 크기가 정해져 있다.

수소 원자 64개
구리 원자 1개
철
철 원자는 수소 원자의 56개 분량
구리

③ 원자는 화학 변화를 통해 다른 종류의 원자로 변화하거나, 소멸되거나, 새로 생성될 수 없다.

철
구리

010 원자는 대략 1억 분의 1cm 정도의 크기이며, 중심에 있는 원자핵은 그 10만 분의 1 정도의 크기이다. 주변에 있는 전자는 대단히 작으며, 질량으로 생각하면 수소 원자핵의 약 1800분의 1 정도이다. 따라서 원자의 질량의 대부분은 원자핵의 질량이 차지하고 있다.

원소의 기초를 이해해 봅시다!

따라 다릅니다. 예를 들어 수소^H는 1개, 헬륨^{He}은 2개, 탄소^C는 6개, 산소^O는 8개입니다.

또한 원자핵은 플러스 전기를 가지고 있으며, 전자는 마이너스 전기를 가지고 있어서 원자 전체는 전기적으로 중성입니다. 수소의 원자핵은 양자만 가지고 있지만, 일반적인 원자핵은 양자와 중성자(양자와 거의 비슷한 질량이지만 전기를 가지고 있지 않음)로 구성되어 있습니다. 다시 말해 원자핵의 플러스 전기는 양자가 가지고 있는 것입니다. 전자는 양자와 중성자보다 훨씬 가볍기 때문에 원자핵의 양자의 수와 중성자의 수로 원자의 질량이 결정됩니다. 여기서 양자의 수와 중성자의 수의 합을 '질량수'라고 합니다.

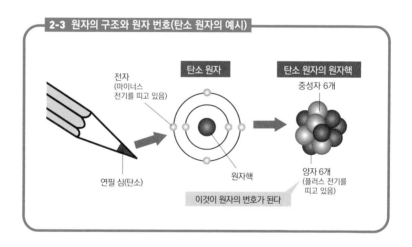

2-3 원자의 구조와 원자 번호(탄소 원자의 예시)

전자
(마이너스
전기를 띠고 있음)

탄소 원자

탄소 원자의 원자핵

중성자 6개

연필 심(탄소)

원자핵

양자 6개
(플러스 전기를
띠고 있음)

이것이 원자의 번호가 된다

03

원자는 어떻게 구별할 수 있을까요?

원자의 구조가 명확해짐에 따라, 원자를 서로 구별하기 위해서 중요한 점이 무엇인지가 명확해지기 시작했습니다. 특히 원자핵의 양자의 수가 중요해졌으며, 이 수를 원자번호로 부릅니다.

원자번호와 질량수

원자의 원자핵이 가지고 있는 양자의 수와 주변에 있는 전자의 수가 동일하기 때문에 원자핵 안에 있는 양자의 수로 원자의 종류를 나타낼 수 있습니다. 원자가 가지고 있는 양자의 수를 원자번호라고 합니다. 예를 들어, 헬륨^{He}의 원자번호는 2, 탄소^{C}는 6, 산소^{O}는 8입니다.

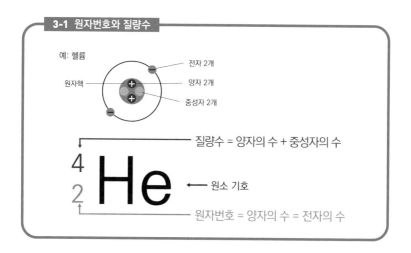

3-1 원자번호와 질량수

예: 헬륨

전자 2개

원자핵

양자 2개

중성자 2개

질량수 = 양자의 수 + 중성자의 수

$_2^4$He ← 원소 기호

원자번호 = 양자의 수 = 전자의 수

양자의 수가 동일하고 중성자의 수가 다른 동위체

동일한 원소라고 취급되는 것 중에서 실제로는 원자핵이 다른 몇 종류가 포함되어 있는 경우가 있습니다. 같은 원소이고 원자핵이 다른 것

원소의 기초를 이해해 봅시다!

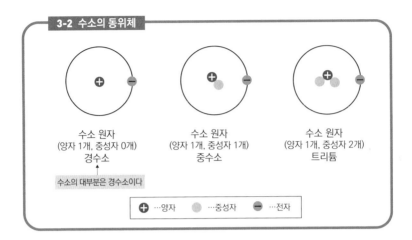

3-2 수소의 동위체

수소 원자
(양자 1개, 중성자 0개)
경수소

수소 원자
(양자 1개, 중성자 1개)
중수소

수소 원자
(양자 1개, 중성자 2개)
트리튬

수소의 대부분은 경수소이다

➕ …양자　　⬤ …중성자　　➖ …전자

은 원자핵의 양자의 수(=전자의 수)는 같지만 중성자의 수가 다른 경우입니다. 이것을 동위체라고 합니다(동위원소라고도 합니다).

　예를 들어 천연에 존재하는 우라늄U에는 양자의 수는 동일하지만 중성자의 수가 다른 동위체가 3종류 있습니다. 양자의 수는 모두 92개이지만, 중성자의 수가 142개인 것, 143개인 것, 146개인 것이 존재합니다. 이를 구별하기 위해서 질량수(양자수+중성자수)를 붙여서 우라늄 234, 우라늄 235, 우라늄 238이라고 부르기도 합니다.

　마찬가지로 원자번호 1번인 수소H에는 원자핵이 양자 1개인 경수소, 양자 1개와 중성자 1개로 구성된 중수소, 양자 1개와 중성자 2개로 구성된 트리튬이 있습니다. 일반 물 안에도 극소량의 중수소로 구성된 물이 포함되어 있습니다. 이것을 구별할 경우에는 경수를 H_2O라고 하고, 중수를 D_2O라고 합니다.

원자량이란?

원자의 존재 여부조차 몰랐던 시대의 과학자들은 상상력과 실험한

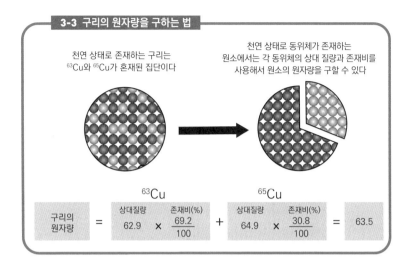

3-3 구리의 원자량을 구하는 법

천연 상태로 존재하는 구리는
^{63}Cu와 ^{65}Cu가 혼합된 집단이다

천연 상태로 동위체가 존재하는
원소에서는 각 동위체의 상대 질량과 존재비를
사용해서 원소의 원자량을 구할 수 있다

^{63}Cu ^{65}Cu

구리의 원자량 = 상대질량 62.9 × 존재비(%) $\frac{69.2}{100}$ + 상대질량 64.9 × 존재비(%) $\frac{30.8}{100}$ = 63.5

사실을 바탕으로 원자의 질량을 결정했습니다. 이 방법은 '어느 한 원자의 질량을 표준으로 정한 후, 다른 원자는 표준 원자와 비교했을 때 몇 배의 차이가 나는가(상대 질량)'를 확인하는 것이었습니다. 이렇게 해서 기준과 비교한(상대적인) 원자의 질량을 원자량이라고 합니다.

표준 원자 중에서 맨 처음으로는 제일 가벼운 수소 원자를 1로 하고, 다음으로는 산소를 16으로 정했습니다. 그러나 1962년 이후로는 '질량수 12인 탄소 원자의 질량을 12'라고 규정합니다. 원소의 각 동위체의 상대 질량에 존재비를 곱해서 구한 평균값을 원소의 원자량이라고 합니다.

원자량은 상대 질량이기 때문에 단위는 존재하지 않으며, 원소별로 정해져 있습니다. 예를 들어 천연에 존재하는 구리는 63Cu(상대 질량 62.9)가 69.2%, 65Cu(상대 질량 64.9)가 30.8% 혼합된 것으로, 위의 그림과 같이 구리의 원자량은 63.5가 됩니다.

안정 동위체와 방사성 동위체

동위체의 종류에는 방사능을 가지고 있지 않은 안정 동위체와 방사능을 가지고 있는 방사성 동위체가 있습니다. 방사능이란 방사선을 방출하는 성질이나 능력을 의미합니다. 예를 들어, 탄소에는 자연계에 3종류의 동위체인 탄소 12, 탄소 13, 탄소 14가 존재합니다.[011] 이 중에서 탄소 12와 탄소 13은 안정 동위체이며, 탄소 14는 방사성 동위체입니다. 방사성 동위체는 방사선을 방출하면서 자연스럽게 다른 원자핵으로 변화합니다.[012]

---

011 각각의 존재비는 탄소 12(^{12}C)가 98.93%, 탄소 13(^{13}C)이 1.07%, 탄소 14(^{14}C)가 극소량 존재한다.

012 방사선에는 주로 알파선(2개의 양자와 2개의 중성자가 단단히 결합된 입자의 흐름), 베타선(원자핵 안에서 튀어나온 전자의 흐름), 감마선(에너지가 높은 전자파)이 있다.

04

홑원소 물질과 화합물의 차이

'칼슘이란 무엇일까요?'라는 질문에 대한 답은, 답변하는 사람이 무엇을 떠올리고 있느냐에 따라 달라질 것입니다. 예를 들어 색상에 대해서는 '흰색'이라고 대답하는 사람과 '은색'이라고 대답하는 사람이 있을 것입니다.

홑원소 물질과 화합물

물질은 크게 나누면 '순수한 물질'과 '혼합물'로 분류할 수 있습니다. 순수한 물질에는 홑원소 물질과 화합물이 있습니다. 수소[H_2]나 산소[O_2]처럼 한 종류의 원소로 구성된 것이 '홑원소 물질'이며, 물처럼 두 종류 이상의 원소로 구성된 것이 '화합물'입니다.

물을 전기분해하면 수소와 산소로 나눌 수 있듯이, 화합물은 다른 물질로 분해할 수 있습니다. 그러나 홑원소 물질은 분해할 수 없습니다. 물질을 구성하고 있는 원자 단위에서 생각해 보면, 홑원소 물질은

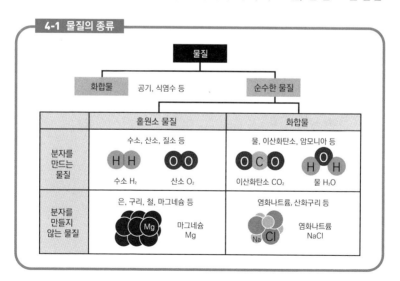

4-1 물질의 종류

	홑원소 물질	화합물
분자를 만드는 물질	수소, 산소, 질소 등 H H 수소 H_2 O O 산소 O_2	물, 이산화탄소, 암모니아 등 O C O 이산화탄소 CO_2 H O H 물 H_2O
분자를 만들지 않는 물질	은, 구리, 철, 마그네슘 등 Mg 마그네슘 Mg	염화나트륨, 산화구리 등 Na Cl 염화나트륨 NaCl

물질 → 화합물 (공기, 식염수 등) / 순수한 물질

원소의 기초를 이해해 봅시다!

한 종류의 원자로 구성되어 있으며, 화합물은 두 종류 이상의 원자가 결합되어 있습니다.

동소체

다이아몬드와 흑연은 둘 다 탄소^{C}로 이루어진 홑원소 물질입니다. 그러나 둘의 성질은 같지 않은데 다이아몬드는 투명하고 단단하며 전기가 통하지 않지만, 흑연은 검고 광택이 있으며 전기가 잘 통합니다. 이처럼 같은 원소로 구성되어 있더라도 성질이 다른 홑원소 물질이 존재할 수 있으며, 이러한 홑원소 물질들을 서로 동소체[013] 관계에 있다고 합니다.

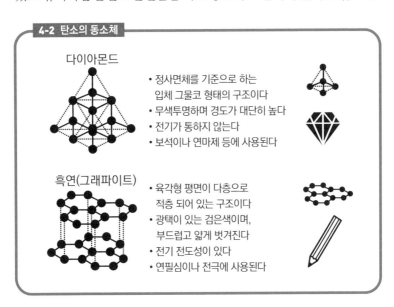

4-2 탄소의 동소체

다이아몬드

• 정사면체를 기준으로 하는 입체 그물코 형태의 구조이다
• 무색투명하며 경도가 대단히 높다
• 전기가 통하지 않는다
• 보석이나 연마제 등에 사용된다

흑연(그래파이트)

• 육각형 평면이 다층으로 적층 되어 있는 구조이다
• 광택이 있는 검은색이며, 부드럽고 얇게 벗겨진다
• 전기 전도성이 있다
• 연필심이나 전극에 사용된다

---

013 탄소의 동소체에는 이 외에도 축구공 형상을 띤 풀러렌이나 튜브 형태의 카본 나노 튜브가 있다. 산소의 동소체로는 산소O_2와 오존O_3이 있다. '58·옛날부터 인류와 함께 있어온 원소와 앞으로의 전망' 참조.

'칼슘'이나 '바륨'은 화합물이다

같은 원소명을 사용한 경우라 하더라도, 그 원소명이 홑원소 물질을 가리키는 경우도 있고 화합물을 가리키는 경우도 있습니다. 예를 들어 '작은 생선에는 칼슘이 많다'고 말하는 경우를 생각해 봅시다. 작은 생선은 뼈까지 먹을 수 있기 때문에 뼈의 성분 원소인 칼슘을 섭취할 수 있다는 의미입니다.

홑원소 물질인 칼슘^{Ca}은 금속이며 은색을 띠고 있습니다. 게다가 홑원소 물질인 칼슘은 물과 접촉하면 수소 가스가 발생하며 녹는 등, 화학적 반응성이 높으며 자연계에는 홑원소 물질로 존재하지 않습니다. 이렇게 생각해 보면 뼈는 홑원소 물질 칼슘이 아닌 것 같아 보입니다. 실제로 뼈는 칼슘과 인^{P}과 산소의 화합물(인산칼슘)입니다. 중심이 되는 원소가 칼슘이기 때문에 흔히 '칼슘'이라고 부르는 것입니다.

바륨^{Ba}도 마찬가지입니다.
'엑스레이로 위 검사를 할 때 바륨을 마셨다'고 하는데, 만약 이 바륨이 홑원소 물질이라면 은색 금속이면서 칼슘과 마찬가지로 물과 접촉할 경우 수소 가스를 발생시키며 녹는데, 그것이 체내에 흡수되면 독성을 띠게 됩니다.

위 뢴트겐 검사를 할 때 마시는 '바륨'이란 실제로는 황산바륨을 가리키는 것입니다. 황산바륨은 흰색이며 물에 녹지 않습니다. 물에 녹지 않기 때문에 물에 분말을 섞으면 유백색 액체가 되고, 인체에 잘 흡

원소의 기초를 이해해 봅시다!

수되지 않아서 엑스레이 검사(뢴트겐)용 조영제에 사용되는 것입니다.[014]
여기에서도 황산바륨의 중심 원소가 바륨이기 때문에 흔히 '바륨'이라
고 부릅니다.

원소는 실제로 아직도 애매하게 사용되고 있습니다. 예를 들어 '산
소'라고 말했을 때, 원소인 산소를 의미하는 것인지, 오존과 구별하기
위한 홑원소 물질을 의미하는 것인지, 산소 분자인지, 아니면 산소 원
자를 가리키는 것인지는 문맥을 통해서 추측할 수밖에 없습니다.

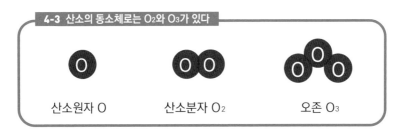

4-3 산소의 동소체로는 O₂와 O₃가 있다

산소원자 O   산소분자 O₂   오존 O₃

---

014 황산바륨 이외의 대부분의 바륨 화합물은 강한 독성을 띠고 있다.

05

주기율표의 구조와 예측된 원소

새롭게 발견된 원소가 점차 많아지면서, 원자량과 원소 사이에 어떠한 관계가 있을 것이라는 발상을 바탕으로 마침내 주기율표가 만들어졌습니다.

원소를 체계적으로 정리한 멘델레예프

발견된 원소의 종류가 늘어나자, 과학자들은 원소가 각각의 성질에 따라 분류될 수도 있다고 생각했습니다. 멘델레예프[015]도 그중 한 명이었는데, 그는 당시에 발견된 63종류의 원소를 체계적으로 정리할 필요를 느꼈습니다.[016] 그는 카드 한 장에 원소 하나의 이름과 원자량 그리고 화학적 성질을 기록한 다음, 원자량의 순서대로 여러 번 나열해 보았습니다. 화학적 성질이 비슷한 원소들을 세로로 나열하는 표(주기율표)로 정리한 것입니다.

멘델레예프가 발표한 논문에는 왼쪽 상단부터 세로 방향으로는 원자량이 많아지는 순서대로 나열되어 있고, 가로 방향으로는 화학적 성질이 비슷한 원소들이 나열되어 있습니다. 그가 고안한 주기율표의 뛰어난 점은 주기율표에 나열된 순서에 적합한 원소가 존재하지

멘델레예프

---

015   드미트리 이바노비치 멘델레예프(1834~1907년). 러시아의 화학자이다. 101번 원소 멘델레븀은 그의 이름을 딴 것이다.

016   32세의 나이에 대학교수로 임명되어 교편을 잡았을 때의 일이다.

않는 곳에는 공백으로 비워두었다는 것입니다(공백에는 그 당시에는 아직 발견되지 않은 원소가 들어가야 한다고 생각했으며, 발견되지 않은 원소의 원자량이나 성질까지도 예측했습니다).

그는 또 다른 규칙성도 언급했는데, 각각의 원자가 다른 원자와 결합하기 위한 수(원자가라고 한다)가 가로줄은 모두 같고, 세로줄은 위에서부터 규칙적으로 1, 2, 3, 4, 3, 2, 1로 나열된다는 것이었습니다. 이러한 멘델레예프의 주기율표에도 예외가 많이 있었기 때문에 그 당시에는 바로 인정받지 못했습니다. 그러나 새로운 원소가 발견되면서 그의 예측의 정확성이 증명되었고, 사람들은 이윽고 이 주기율표를 신뢰하게 되었습니다.

예를 들어, 당시에는 규소^{Si}의 아래에 있어야 할 성질을 가진 원소가 아직 발견되지 않았기 때문에 그 자리에 임시 원소명인 '에카 규소'를 넣었습니다. 시간이 지나서, 에카 규소라고 임시로 이름 붙였던 원소의 성질을 가진 저마늄^{Ge}이 발견되었습니다.

5-1 예측되었던 '에카 규소'의 존재

	에카 규소 Es	저마늄 Ge
원자량	72	72.64
밀도 (g/cm³)	5.5	5.32
융점 (℃)	높다	973
산화물	EsO_2	GeO_2
염화물	$EsCl_2$	$GeCl_2$

저마늄이 발견되어 예측이 적중했다!

주기율표의 구조

주기율표는 멘델레예프 시대부터 표시 방법이 개선되기 시작했으며, 지금은 원소를 원자량 순으로 나열하는 것이 아니라 원자번호(원자핵의 양자의 수) 순서로 나열합니다. 이 두 방법은 거의 비슷해 보이지만, 원자의 양이 반대가 되는 경우가 있습니다.

그중에서 천연으로 존재하는 원소 가운데 원자번호가 가장 큰 원소는 92번 우라늄^{U}입니다. 원자번호가 93 이상인 원소나 43번 테크네튬^{Tc}, 61번 프로메튬^{Pm}은 천연으로는 존재하지 않으며, 인공적으로 합성한 원소입니다.[017]

주기율표에서 동일한 세로줄에 있는 원소들을 족(族)이라고 부릅니다. 족은 주기율표의 왼쪽에서부터 1족, 2족이라고 세며, 총 18족이 있습니다. 같은 족에 있는 원소의 그룹을 동족원소라고 합니다.

주기율표의 가로줄은 주기(周期)라고 합니다. 주기는 주기율표의 위에서부터 제1주기, 제2주기로 세며, 총 7주기가 존재합니다. 주기율표의 1족, 2족, 12족부터 18족에 이르는 원소들을 전형원소, 3족에서 11족에 있는 원소들을 전이원소(또는 천이원소)[018]라고 합니다. 전형원소에는 금속원소와 비금속원소가 있습니다. 전이원소는 모두 금속 원소로 구성되어 있습니다.

동족원소끼리 비교하면 성질이 비슷한 것을 확인할 수 있습니다. 예를 들어, 1족에 있는 원소는 홑원소 물질이고 대단히 가벼우며 반응성

---

017 지금도 새로운 원소의 합성은 계속되고 있다.

018 원자의 최외곽 전자의 수가 1 또는 2로 거의 변화하지 않기 때문에 주기율표에서 좌우로 이웃해 있는 원소들 역시 비슷한 성질을 띠는 경우가 많다. 또한 12족을 포함시키는 경우도 있다.

이 높은 금속을 구성하는 금속원소입니다. 18족의 원소는 비활성 기체 원소라고 하며, 홑원소 물질이고 화학적으로 안정적인 기체가 되는 비금속원소입니다.

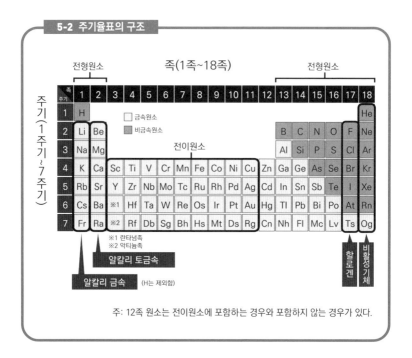

5-2 주기율표의 구조

주: 12족 원소는 전이원소에 포함하는 경우와 포함하지 않는 경우가 있다.

1족 원소(H는 제외함): 알칼리 금속

수소[H]를 제외한 1족 원소는 알칼리 금속이라고 부릅니다. 알칼리 금속의 홑원소 물질은 모두 가벼운 금속이며 상온에서 물과 반응해 수소를 발생시키고, 이 수용액은 강한 알칼리 성질을 띱니다.[019]

---

019   2Na [나트륨]+2H$_2$O [물] → H$_2$ [수소]+2NaOH [수산화나트륨]

2족 원소: 알칼리 토금속

2족 원소는 알칼리 토금속이라고 부릅니다. 이전에는 알칼리 토금속에서 베릴륨[Be]과 마그네슘[Mg]을 제외했지만, 지금은 2족 전체를 가리켜 알칼리 토금속이라고 합니다.

알칼리 토금속의 홑원소 물질은 모두 가벼운 금속이며 상온에서 물과 반응해 수소를 발생시키고, 이때 발생한 수산화물 수용액은 알칼리 성질을 띱니다.[020] 베릴륨과 마그네슘의 수산화물은 약한 알칼리 성질을 띠며, 칼슘부터 그 아래에 있는 항목들의 수산화물은 강한 알칼리 성질을 띱니다.

17족 원소: 할로겐

플루오린[F], 염소[Cl], 브로민[Br], 아이오딘[I] 같은 원소를 할로겐이라고 부릅니다. 할로겐이라는 명칭은 금속 원소와 결합해 소금을 생성하는 특성에 따라, 그리스어로 할로(소금을 의미함)와 겐(만든다는 의미)을 조합한 표현입니다. 할로겐의 홑원소 물질은 2원자 분자로 구성되어 있으며, 반응성이 뛰어나고 많은 원소들과 직접 반응해 염화물 등의 할로겐 물질을 생성합니다.

할로겐의 홑원소 물질은 모두 독성이 있습니다. 염소는 자극성 악취가 있는 황록색 기체로 수돗물의 살균과 표백에 많이 사용되는 것 이외에도 다양한 화합물을 생성합니다. 염소는 염산이나 하이포 아염소산나트륨 등 많은 종류의 무기 화합물과 농약·의약·폴리염화비닐 등의 유기 염소 화합물의 제조 원료로 사용되고 있습니다.

---

020   Ca [칼슘]+2H_2O [물] → H_2 [수소]+Ca(OH)$_2$ [수산화칼슘]

18족 원소: 비활성 기체

18족의 비활성 기체 원소[021]의 칸이 다 채워지면서 주기율표가 완성되었습니다. 비활성 기체 중에 최초로 발견된 것은 아르곤^{Ar}으로, 1894년에 발견되었습니다. 아르곤은 공기 중에 1% 가까이 함유되어 있지만 다른 물질과 반응하지 않기 때문에 쉽게 모습을 드러내지 않았던 것입니다.[022] 그래서 '일하지 않는 원소'라는 뜻으로 그리스어로 '게으름뱅이'를 의미하는 아르곤이라는 명칭을 붙였다고 합니다. 비활성 기체를 발견하는 데 기여한 영국의 램지[023]와 레일리[024]는 1904년에 각각 노벨화학상과 노벨 물리학상을 수상했습니다.

헬륨^{He}은 북아메리카의 천연 탄화수소 가스 중에 꽤 많이 포함되어 있으며, 함유량이 7~8%에 달하는 경우도 있습니다. 헬륨은 수소 다음으로 가볍고 불연소 성질을 띠고 있기 때문에 기구용 가스로 사용됩니다.

기체가 된 물질은 대부분 원자가 2개 이상 결합한 분자가 기본이 됩니다. 그러나 비활성 기체는 다른 원자와 결합하지 않기 때문에 항상 하나의 원자만 가지고 있으며, 다시 말해 단원자 분자로 존재합니다. 비활성 기체는 끓는점과 융점이 낮은데, 원자량이 작을수록 끓는점과 융점이 더 낮아집니다. 그리고 화학적으로 비활성 성질을 가지기 때문에 비활성 기체라고 불립니다.

---

021 비활성 기체는 불활성 기체, 희귀 가스라고도 하며, 영어는 rare gas(레어 가스)에서 noble gas(노블 가스)로 명칭을 변경했다.

022 공기보다 1.4배 무겁고 무색, 무미, 무취인 홑원소 물질 가스이다.

023 윌리엄 램지(1852~1916년).

024 제3대 레일리 남작 존 윌리엄 스트럿(1842~1919년). 레일리 경이라고도 알려져 있다.

그렇지만 제논^{Xe}은 마이너스 성질이 아주 강한(전자를 빼앗는 힘이 강한) 플루오린^F 같은 원소와 작용해 제논 화합물을 만들며, 크립톤^{Kr} 화합물이나 라돈^{Rn} 화합물도 만들 수 있습니다. 아르곤, 네온^{Ne}, 헬륨의 경우에는 일반적인 화합물은 만들 수 없습니다.

원소의 8할 이상은 '금속'이다

주기율표에 배열된 118종류의 원소는 크게 나누면 금속 원소와 비금속 원소로 분류할 수 있습니다. 금속 원소로만 구성된 금속에는 세 가지 특징이 있습니다.다.

금속 원소로만 구성된 금속 물질

금속 원소는 118종류의 원소 중에서 8할 이상을 차지합니다. 금속 원소의 원자가 많이 모이면 '금속'이라는 물질이 됩니다. 이 금속 홑원소 물질은 상온에서 수은^{Hg}만 액체 상태이고, 다른 금속은 상온에서 고체 상태입니다. 금속은 다음과 같은 세 가지 특징을 가지고 있습니다.

① 금속에는 광택(은색이나 금색 등 독특한 윤기)이 있다.
② 전기나 열을 잘 전달한다.
③ 두드리면 넓게 펴지고, 당기면 늘어난다.

그렇기 때문에 눈으로 보기만 해도 이것이 금속이라는 것을 알 수 있습니다. 금속의 광택은 금속이 빛을 거의 반사하기 때문에 발생하는 현상입니다. 칼슘^{Ca}이나 바륨^{Ba}도 금속 원소입니다. 칼슘이나 바륨의 홑원소 물질은 은색 광택을 띠는 금속입니다.

금속인지 혹은 그렇지 않은지가 궁금하다면, 다음의 두 성질이 있는지 살펴보면 좋을 것입니다. ②번 성질은 전지와 꼬마전구로 만든 간단한 도구로 확인할 수 있습니다. ③번 성질은 두드리더라도 가루가 되지 않는다는 것입니다.

금속 원소는 두 종류 이상의 금속, 탄소^{C}나 규소^{Si}를 혼합하고 가열하면 균일하게 녹아서 합금이 되기 쉬운 성질도 가지고 있습니다. 성분 배합을 잘 조정해서 합금을 만들면, 원래 성분의 금속에는 없는 독특한 성질을 지닌 것을 만들 수 있습니다.

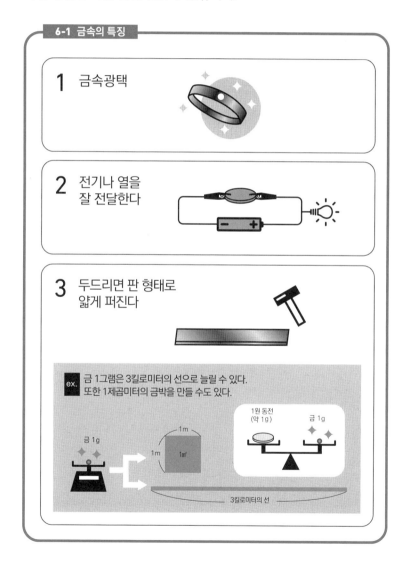

6-1 금속의 특징

1 금속광택

2 전기나 열을
잘 전달한다

3 두드리면 판 형태로
얇게 퍼진다

ex. 금 1그램은 3킬로미터의 선으로 늘릴 수 있다.
또한 1제곱미터의 금박을 만들 수도 있다.

1원 동전
(약 1g)   금 1g

금 1g

1m
1m 1m²

금 1g

3킬로미터의 선

원소의 기초를 이해해 봅시다!

화이트골드
▶ 18金 – 금: 75%·니켈 또는 팔라듐: 25%의 합금
▶ 14金 – 금: 58.33%이고 나머지 약 41.66%는 니켈·팔라듐·구리·아연의 합금

백동 구리와 니켈 10%~30%를 포함한 합금
청동 구리: 60~65% 아연: 25~30% 납: 5~10% 주석: 5~10%의 합금
황동(신주) 구리: 60~70% 아연: 30~40%의 합금
스테인리스강 철에 크로뮴을 10.5% 이상 함유한 합금
두랄루민 알루미늄과 구리·마그네슘의 합금
땜납 주석 50%와 납 40%에 수지(활성 로진)가 들어간 것을 사용한다.

금속을 이용한 역사는 해당 금속을 광석에서 채취할 때의 난이도와 크게 관련이 있습니다. 금속 상태인 금, 은, 구리도 산출되지만, 많은 경우 금속은 산화물[025]이나 황화물[026]의 형태로 산출됩니다. 이러한 화합물의 결합이 강하면 강할수록 광물에서 금속을 추출하기가 힘들어집니다. 금^{Au}, 은^{Ag}, 구리^{Cu} 그리고 철^{Fe}은 옛날부터 널리 사용되었고, 뒤이어 납^{Pb}, 주석^{Sn}을 사용했으며 그다음으로는 아연^{Zn} 그리고 근대가 되어서야 알루미늄^{Al}을 추출한 것은 결합력의 강도의 차이 때문입니다.

금속의 이온화 경향

금속의 홑원소 물질은 물이나 수용액에 접촉하면 다른 물체로 전자를 이동시키고, 금속 자체는 양이온이 되려고 하는 경향이 있습니

---

025 산소와 다른 원소를 조합한 화합물. 산소는 대부분 모든 원소와 결합해 산화물을 생성한다.

026 황과 그보다 양성인 원소와의 화합물의 총칭.

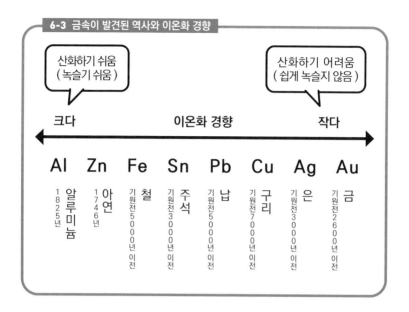

6-3 금속이 발견된 역사와 이온화 경향

산화하기 쉬움
(녹슬기 쉬움)

산화하기 어려움
(쉽게 녹슬지 않음)

크다 　　　　　이온화 경향　　　　　 작다

Al	Zn	Fe	Sn	Pb	Cu	Ag	Au
알루미늄	아연	철	주석	납	구리	은	금
1825년	1746년	기원전5000년이전	기원전3000년이전	기원전5000년이전	기원전7000년이전	기원전3000년이전	기원전2600년이전

다. 이 경향을 순서대로 나열한 것을 금속의 이온화 경향이라고 합
니다. 고대부터 잘 알려진 금속은 이온화 경향이 비교적 낮거나 대
단히 작은 금속이었습니다. 다시 말해, 이온이 되기 힘든 금속이었
던 것입니다.

　금속은 이온화하면 양이온으로 변합니다. 양이온은 음이온과 합쳐
지면 화합물이 됩니다. 이온화 경향이 작으면 홑원소 물질로 존재하기
쉬우며, 화합물이더라도 이온에서 원자로 변하기가 쉬워서 홑원소 물
질로 만들기도 쉽습니다. 그러나 알루미늄처럼 이온화 경향이 큰 금속
은 알루미늄 이온으로 존재하며, 산소의 이온(산화물 이온)과 강하게 결합
해서 추출하기가 쉽지 않았습니다.

비금속 원소는 많지 않지만, 물질의 대부분은 비금속 원소와의 화합물이다

비금속 원소 중에서는 특히 탄소^{C}가 중요합니다. 현재 지구상에는 몇억 종류의 물질이 있다고 알려져 있는데, 그 대부분이 탄소를 중심으로 한 화합물(유기물)입니다.[027] 다시 말해, 물질의 대부분이 비금속 원소로 구성되어 있는 것입니다.

산소[O_2]는 반응성이 높으며 많은 원소와 화합하여 산화물을 생성합니다. 지구 대기의 약 21%는 산소로 구성되어 있으며, 많은 생물은 공기 중의 산소 또는 물에 녹아 있는 산소를 체내로 흡입해 생명 활동을 유지하고 있습니다.[028]

산화하기 쉬운 음식물이나 곰팡이가 생기기 쉬운 과자에는 산화 및 곰팡이를 방지하기 위해 탈산소제를 넣는 경우가 많습니다. 이 탈산소제는 철의 미세한 분말로 만들어지는데, 산소와 결합해 봉지 내부의 공기에서 산소를 제거하며, 따라서 산화로 인한 변질을 막을 수 있습니다.

비금속 원소인 홑원소 물질 중 많은 수는 분자로 구성되어 있고, 고체 상태에서는 분자로 만들어지는 결정을 생성합니다. 상온(25° 부근)에서는 수소^H, 질소^N, 산소^O, 플루오린^F, 염소^{Cl} 등은 기체 상태로, 브로민^{Br}은 액체 상태로, 아이오딘^I, 인^P, 황^S 등은 고체 상태로 존재합니다. 탄소나 규소^{Si}의 홑원소 물질은 거대한 분자로 구성된 결정이며 융점이

---

027 탄소를 포함한 물질을 '유기물', 그 이외의 물질을 '무기물'이라고 하지만, 예외도 존재한다.

028 산소 원소[O]는 바닷속에서는 물[H_2O]로 존재하고, 암석 내부에서는 이산화규소[SiO_2] 등의 화합물로 존재하기 때문에 지구 표면에서 가장 많이 존재하는 원소이다.

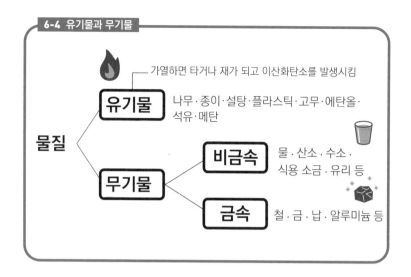

6-4 유기물과 무기물

가열하면 타거나 재가 되고 이산화탄소를 발생시킴

유기물 — 나무·종이·설탕·플라스틱·고무·에탄올·석유·메탄

물질

무기물 — 비금속 — 물·산소·수소·식용 소금·유리 등

금속 — 철·금·납·알루미늄 등

높습니다. 비활성 기체의 홑원소 물질은 상온에서는 기체로 단원자분자(1개의 원자가 분자로 거동함)로 존재합니다.

원소의 기초를 이해해 봅시다!

07

비활성 기체의 전자 배치와 화학 결합

수많은 원소 중, 비활성 기체가 화학적으로 가장 안정되어 있습니다. 비활성 기체의 전자배치나 원자와 원자의 결합, 이온과 이온의 결합에 대해 살펴보겠습니다.

전자각(電子殼)과 전자 배치

전자각은 전자 핵에 가까운 내측에서부터 순서대로 K각, L각, M각, N각 같은 식으로 이름이 붙여져 있고, 각각의 전자각에 들어갈 수 있는 전자의 수는 제한되어 있습니다(K, L, M, N각 순서대로 2, 8, 18, 32개의 전자가 들어갈 수 있습니다).

원자는 원자 번호와 같은 수의 전자를 가지는데, 이들은 안쪽의 전자각에서부터 순서대로 들어갑니다. 예를 들어, 원자 번호 3인 리튬 원자의 전자 세 개 중에서 두 개는 K각에 들어갑니다. K각에는 최대 두 개까지만 들어갈 수 있기 때문에 세 번째 전자는 다음의 L각에 들어갑니다.

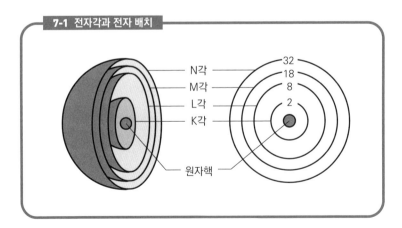

7-1 전자각과 전자 배치

N각
M각
L각
K각

32
18
8
2

원자핵

전자가 전자각에 배치되는 것을 전자 배치라고 하며, 전자가 들어가는 가장 바깥쪽 전자각을 최외각 전자라고 합니다. 최외각 전자의 수는 원자가 이온이 되거나 다른 전자와 결합할 때 중요한 역할을 합니다.[029]

비활성 기체 원소 원자의 전자 배치

헬륨[He], 네온[Ne], 아르곤[Ar], 크립톤[Kr] 등 화합물을 만들기가 대단히 어려운 비활성 기체 원자의 전자 배치를 살펴보면, 최외각 전자는 헬륨의 경우 두 개, 네온, 아르곤, 크립톤의 경우 여덟 개가 있습니다.

이 사실을 통해서 원자는 전자 배치가 헬륨이나 네온처럼 최외각이 전자로 가득 차 있는 경우 또는 아르곤이나 크립톤처럼 최외각 전자가 여덟 개가 되면 안정적이 되며, 다른 원자와 결합하기 어렵다는 것을 알 수 있습니다. 또한 홑원소 물질은 끓는점이나 융점이 대단히 낮으며, 상온에서는 모두 기체로 존재합니다. 화학적으로는 안정되어 있으며 화합물을 만들기 어렵다는 특징이 있습니다.

전형 원소의 전자 배치와 주기율표

주기율표 중에서 1, 2, 12, 13, 14, 15, 16, 17, 18족의 전형 원소는 세로로 나열된 동족 원소 원자의 최외각의 전자의 수와 동일합니다. 그리고 비슷한 화학적 성질을 보입니다.

1족의 알칼리 금속 원소(수소 제외)는 하나밖에 없는 최외각 전자를 잃게 되면 1가(價)의 양이온이 되고, 18족 비활성 기체와 같은 전자 배치

029　전자는 안쪽에 있는 전자각일수록 안정적이고 원자에서 잘 분리되지 않으며, 에너지가 낮아집니다(에너지가 낮을수록 전자는 안정적입니다).

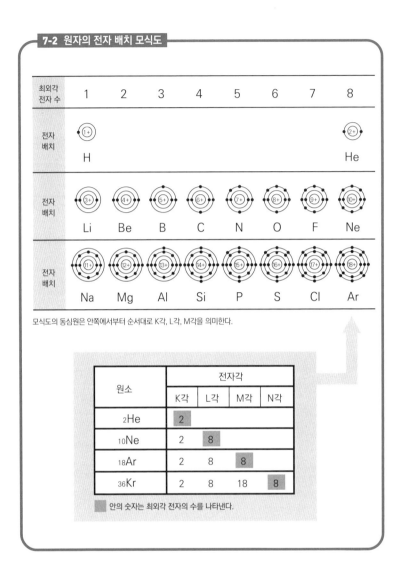

모식도의 동심원은 안쪽에서부터 순서대로 K각, L각, M각을 의미한다.

원소	전자각			
	K각	L각	M각	N각
$_2$He	2			
$_{10}$Ne	2	8		
$_{18}$Ar	2	8	8	
$_{36}$Kr	2	8	18	8

■ 안의 숫자는 최외각 전자의 수를 나타낸다.

가 됩니다. 2족의 알칼리 토금속 원소는 최외각 전자가 두 개이며, 두 전자를 모두 잃어버리면 2가 양이온이 되고, 비활성 기체와 같은 전자 배치가 됩니다. 17족 할로겐 원소는 최외각 전자가 일곱 개이며, 전자 한 개를 얻으면 1가 음이온이 됩니다.

이온과 이온 결합

이온은 플러스 또는 마이너스 전하(물질이 가지고 있는 정전기의 양)를 가진 원자나 원자의 집단(원자단)을 의미합니다.

원자는 플러스 전하를 가진 원자핵과 마이너스 전하를 가진 전자로 구성되어 있습니다. 원자 혹은 원자가 모여서 생성된 원자단은 플러스 전하의 수와 마이너스 전하의 수가 같으며, 전체는 전기적으로 플러스 마이너스 제로, 다시 말해 중성입니다.

전기적으로 중성인 원자나 원자단이 마이너스 전하를 가진 전자를

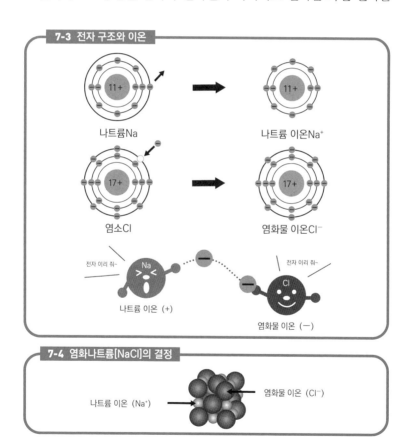

7-3 전자 구조와 이온

나트륨Na

나트륨 이온Na⁺

염소Cl

염화물 이온Cl⁻

전자 이리 줘~

Na

Cl

전자 이리 줘~

나트륨 이온 (+)

염화물 이온 (ー)

7-4 염화나트륨[NaCl]의 결정

나트륨 이온 (Na⁺)

염화물 이온 (Cl⁻)

잃으면 플러스 전하의 수가 마이너스 전하의 수보다 많아지기 때문에 양이온이 되고, 반대로 전자를 얻으면 플러스 전하의 수가 마이너스 전하의 수보다 작아지기 때문에 음이온이 됩니다.

예를 들어, 나트륨 원자^{Na}가 최외각 전자 하나를 잃어서(전자를 필요로 하는 상대에게 넘겨주어서) 나트륨 이온이 되고, 염소 원자^{Cl}는 최외각에 전자 하나를 얻어서(상대방에게서 전자를 넘겨받아서) 염화물 이온[030]이 됩니다.

양이온과 음이온이 전기적으로 결합하는 것을 이온 결합이라고 하며, 이때 발생하는 결정을 이온 결정이라고 합니다(염화나트륨은 나트륨 이온과 염화물 이온으로 만들어지는 이온 결정입니다).

분자와 공유 결합

산소^O, 질소^N 등의 홑원소 물질이나 물, 이산화탄소와 같은 화합물은 원자가 여러 개 결합한 집단 형태의 분자를 기본적으로 가지고 있습니다.

이산화탄소는 탄소 원자^C 한 개와 산소 원자 두 개가 결합한 이산화탄소 분자로 구성되어 있고, 물은 산소 원자 한 개와 수소 원자^H 두 개가 결합한 물 분자로 구성되어 있습니다. 이때 서로 가지고 있는 전자를 방출해서 공유하고, 각각의 원자가 비활성 기체의 전자 배치인 공유 결합을 합니다. 가장 단순한 수소 분자를 가지고 공유 결합을 살펴보도록 합시다. 수소 원자는 K각에 전자가 한 개 있습니다. 먼저 두 개의 수소 원자가 서로 가까이 접근합니다. 그리고 각각의 수소 원자가

---

030 양이온의 이름을 지을 때는 원소명에 이온을 붙인다. 염소 이온이라고 하면 양이온을 가리키는 것이며, 염소의 음이온은 염화물 이온이라고 한다. 산소의 음이온은 산화물 이온, 황의 음이온은 황화물 이온이라고 한다.

전자를 하나씩 방출해서 각각의 수소 원자들은 전자를 두 개씩 공유합니다.[031] 그러면 각각의 수소 원자가 헬륨과 비슷한 전자 배치를 하게 됩니다.

물 분자의 경우에는 산소 원자와 쌍을 이루지 않은 두 개의 전자[032]와, 수소 원자 두 개가 각각 하나씩 가지고 있는 전자로 공유 결합을 합니다. 수소 원자는 헬륨, 산소 원자는 네온과 같은 전자 배치를 이룹니다.

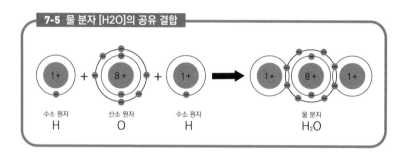

7-5 물 분자 [H2O]의 공유 결합

수소 원자
H
+
산소 원자
O
+
수소 원자
H
→
물 분자
H₂O

031 쌍을 이루지 않은 최외각 전자(원자가 전자)가 공유되어 만들어진 원자가 전자의 쌍(페어)을 공유 전자쌍이라고 한다.

032 산소 원자의 최외각 전자는 L각에 여섯 개가 존재한다. L각에는 전자가 들어갈 수 있는 방이 네 개 있다. 먼저 네 개의 방에 전자가 하나씩 들어가고, 남은 두 전자는 두 방에 각각 하나씩 들어간다. 방에서는 한 개의 전자가 수소 원자의 전자와 공유 전자쌍을 생성한다.

원소의 기초를 이해해 봅시다!

원소는 언제 발견되었을까요?

자연계에 있는 약 90종류의 원소 중에서 그 3분의 2가 18세기 후반에서 19세기 말 사이에 발견되었습니다. 그리고 20세기 이후에는 가속기를 사용해서 인공적으로 합성한 원소가 증가했습니다.

고대부터 잘 알려진 원소

족\주기	1	2	3	4	5	6	7	8	9	10	11	12	13	14	15	16	17	18
1	H																	He
2	Li	Be											B	C	N	O	F	Ne
3	Na	Mg											Al	Si	P	S	Cl	Ar
4	K	Ca	Sc	Ti	V	Cr	Mn	Fe	Co	Ni	Cu	Zn	Ga	Ge	As	Se	Br	Kr
5	Rb	Sr	Y	Zr	Nb	Mo	Tc	Ru	Rh	Pd	Ag	Cd	In	Sn	Sb	Te	I	Xe
6	Cs	Ba	※1	Hf	Ta	W	Re	Os	Ir	Pt	Au	Hg	Tl	Pb	Bi	Po	At	Rn
7	Fr	Ra	※2	Rf	Db	Sg	Bh	Hs	Mt	Ds	Rg	Cn	Nh	Fl	Mc	Lv	Ts	Og

이 표에서 탄소^{C}와 황^{S}을 제외한 나머지는 모두 금속인데, 금^{Au}, 은 ^{Ag}, 구리^{Cu}, 수은^{Hg}은 자연금처럼 금속 홑원소 물질로도 존재했습니다. 그리고 수은과 황은 연금술의 주요 원소가 되었습니다. 철^{Fe}은 우주에서 날아온 운철에서 추출했으나, 후에 철광석이나 사철에서 철을 만들 수 있게 되었습니다.

17세기까지 발견된 원소

인^{P}은 연금술사인 브란트가 1669년에 사람의 소변을 가열하고 농축해

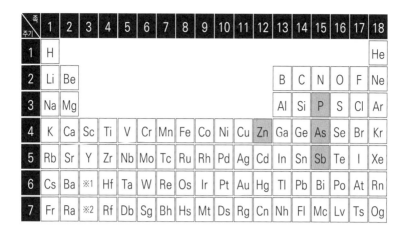

서 노란 돌을 만든 것에서 시작되었습니다. 이 돌은 밤에 푸르게 빛이 나고, 조금 가열하면 흰색 연기를 내다가 순식간에 붉은 화염을 내뿜으며 불타기 시작했습니다. 이것이 노란 인(흰 인)이 발견된 유래입니다.

18세기까지 발견된 원소

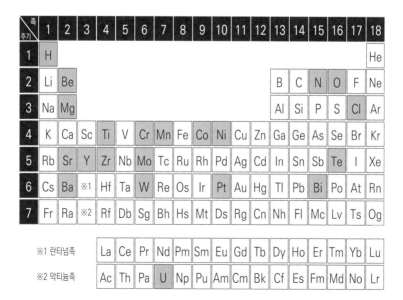

※1 란타넘족

※2 악티늄족

족주기	1	2	3	4	5	6	7	8	9	10	11	12	13	14	15	16	17	18
1	H																	He
2	Li	Be											B	C	N	O	F	Ne
3	Na	Mg											Al	Si	P	S	Cl	Ar
4	K	Ca	Sc	Ti	V	Cr	Mn	Fe	Co	Ni	Cu	Zn	Ga	Ge	As	Se	Br	Kr
5	Rb	Sr	Y	Zr	Nb	Mo	Tc	Ru	Rh	Pd	Ag	Cd	In	Sn	Sb	Te	I	Xe
6	Cs	Ba	※1	Hf	Ta	W	Re	Os	Ir	Pt	Au	Hg	Tl	Pb	Bi	Po	At	Rn
7	Fr	Ra	※2	Rf	Db	Sg	Bh	Hs	Mt	Ds	Rg	Cn	Nh	Fl	Mc	Lv	Ts	Og

※1 란타넘족 | La | Ce | Pr | Nd | Pm | Sm | Eu | Gd | Tb | Dy | Ho | Er | Tm | Yb | Lu

※2 악티늄족 | Ac | Th | Pa | U | Np | Pu | Am | Cm | Bk | Cf | Es | Fm | Md | No | Lr

19세기까지 발견된 원소

전기분해를 통해 화합물에서 원소(홑원소 물질)를 분리하는 기술이나 화학 분석법과 같은 검출 기술이 향상되었고, 새로운 광물질이 발견되기도 해서 원소의 종류가 증가했습니다.

예를 들어, 영국의 험프리 데이비(1778~1829)는 볼타 전지를 사용한 전기분해를 통해 다양한 종류의 새로운 원소를 발견했습니다. 칼륨^{K}은 1807년에 용해된 수산화칼륨을 전기분해해서 발견되었고, 나트륨^{Na}은 용해된 수산화나트륨을 전기분해해서 단리(單離)했습니다. 그리고 1808년에는 칼슘^{Ca}을 발견했습니다.

주기＼족	1	2	3	4	5	6	7	8	9	10	11	12	13	14	15	16	17	18
1	H																	He
2	Li	Be											B	C	N	O	F	Ne
3	Na	Mg											Al	Si	P	S	Cl	Ar
4	K	Ca	Sc	Ti	V	Cr	Mn	Fe	Co	Ni	Cu	Zn	Ga	Ge	As	Se	Br	Kr
5	Rb	Sr	Y	Zr	Nb	Mo	Tc	Ru	Rh	Pd	Ag	Cd	In	Sn	Sb	Te	I	Xe
6	Cs	Ba	※1	Hf	Ta	W	Re	Os	Ir	Pt	Au	Hg	Tl	Pb	Bi	Po	At	Rn
7	Fr	Ra	※2	Rf	Db	Sg	Bh	Hs	Mt	Ds	Rg	Cn	Nh	Fl	Mc	Lv	Ts	Og

※1 란타넘족	La	Ce	Pr	Nd	Pm	Sm	Eu	Gd	Tb	Dy	Ho	Er	Tm	Yb	Lu
※2 악티늄족	Ac	Th	Pa	U	Np	Pu	Am	Cm	Bk	Cf	Es	Fm	Md	No	Lr

20세기까지 발견된 원소

지금까지 천연으로 존재하는 90종류의 원소에 대해 살펴보았습니다. 20세기 이후부터는 가속기를 사용해 인공적으로 합성된 원소들이 등장하는데, 이 장에서는 그에 대해 다루지 않았습니다.

09

인공 원소는 어떻게 만들 수 있을까요?

'가속기'는 전자나 양자와 같은 입자를 빛의 속도에 가깝게 가속해서 높은 에너지 상태를 만들어냅니다. 이 '가속기'를 사용해 가속한 입자를 가지고 원자를 두드리면 원자가 변환됩니다. 이렇게 인공 원소가 탄생합니다.

아시아 최초의 인공 원소 '니호늄'

새로운 원소는 IUPAC(국제 순수·응용화학 연합)에서 존재를 인정받은 후, 발견자에게 이름을 지을 권리가 주어집니다.

113번 원소는 2004년에 최초로 합성되었습니다. 아연^{Zn}(원자번호=양자의 수=30개)의 원자핵과 비스무트^{Bi}(원자번호=양자의 수=83개)의 원자핵을 충돌시켜서 원자핵을 융합하면 이론상으로 113번 원소를 만들어낼 수 있습니다. 그러나 어려운 점은 원자핵의 크기가 1조 분의 1센티미터 정도의 크기로 대단히 작기 때문에 거의 충돌을 하지 않는다는 것, 그리고 충돌한다 하더라도 원자핵이 융합할 확률이 100조 분의 1로 대단히 작다는 것이었습니다.

비스무트를 만들기 위해서는 대량의 아연 원자핵을 엄청난 속도로 계속 부딪히는 방법밖에 없었습니다.

2003년 9월에 실험을 시작한 후, 밤낮없이 가속기를 사용해 빛의 속도의 10%까지 속도를 높인 아연 빔을 계속 쏘아서 이듬해인 2004년 7월 23일에 드디어 한 개가 합성된 것을 확인했습니다. '확인'했다는 의

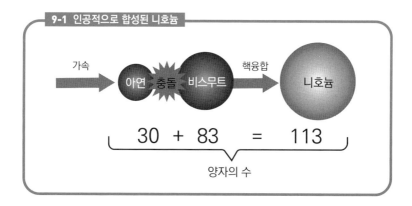

9-1 인공적으로 합성된 니호늄

가속 → 아연 중돌 비스무트 → 핵융합 → 니호늄

$$30 + 83 = 113$$

양자의 수

미는 113번 원소 단 한 개가 알파선을 방출하면서 다른 원소로 붕괴[033]되는 것을 추적했다는 의미입니다. 그 다음 해 4월 2일에 두 개째를 확인했습니다.

이화학 연구소 그룹은 더욱 결정적인 증거를 찾기 위해 실험을 계속한 결과 2012년 8월 12일에 세 개째를 발견했는데, 이때 이전과는 다른 새로운 붕괴 과정을 확인할 수 있었습니다.

이화학 연구소의 연구 팀은 113번 원소 자체를 만들어냈으며, 이것이 기존에 알려진 원소들로 붕괴하는 과정을 상세하게 확인하였기에 2015년 12월에 원소에 이름을 붙일 권리가 인정되어 니호늄^{Nh}라고 이름을 지었습니다. 아시아에서 첫 쾌거를 이룬 것입니다.

인공 원소를 만들어 내려는 시도

일반적인 화학 변화 과정에서는 원자가 다른 원자와 결합하면서 그 조합이 변할 수는 있어도, 원자핵 자체가 다른 원자핵으로 변하지는 않

---

033 불안정한 원자핵이 방사선을 방출하여 다른 안정적인 원자핵으로 변화하는 현상

습니다.

천연으로 존재하는 원소는 원자번호 92번 우라늄^{U}까지이며, 그다음 원자 번호의 원소들도 원소 주기율표에 등재되어 있습니다. 원자번호 93번 이후의 원소는 원자핵에 알파 입자, 양자, 중수소, 중성자 등을 부딪쳐서 다른 원자핵(초우라늄 원자핵)을 만들어낸 것입니다.

원자번호 43번 테크네튬^{Tc}도 인공적으로 합성된 원소입니다. 캘리포니아 대학에서 가속기를 사용해 수소 원자핵에 중성자가 더해진 중수소를 몰리브데넘에 조사하는 실험을 했습니다. 원자번호 42번 몰리브데넘^{Mo}에는 양자가 42개 존재합니다. 몰리브데넘의 원자핵이 양자를 한 개 받아들이면 양자가 43개인 원자번호가 43번인 미지의 물질이 만들어질 것이라고 생각한 것입니다.

그리고 1937년에 드디어 그 생각이 실현되었습니다. 이 원소는 인공적으로 만들어진 최초의 원소이므로 그리스어 '인공'의 의미를 가진 테크네튬이라는 이름이 붙여졌습니다.

이때 이후부터 가속기를 사용해 많은 원소가 만들어지게 되었습니다.

원자번호 61번의 프로메튬^{Pm}이나 92번의 우라늄보다 원자번호가 큰 원소는 대부분 자연계에는 존재하지 않는 인공 원소이며, 모두 방사성[034]을 띠고 있습니다.

새로운 원소를 합성하려는 시도는 지금도 계속되고 있습니다. 구체적으로는 한국을 포함한 여러 나라들에서 119번과 120번 원소의 합성에 계속 도전하고 있습니다.

---

034 방사능을 가지고 있다. 가만히 놔두어도 자체적으로 방사선을 방출하며, 다른 원자로 변하는 성질을 가지고 있다.

Chapter
02

'우주와 지구'를
구성하는 원소

10

가장 먼저 탄생한 원소는 무엇일까요?

원소의 합성은 약 138억 년 전의 '빅뱅' 이후부터 바로 시작되었습니다. 이윽고 항성이나 초신성이 폭발할 때 원소가 합성되었으며, 인류 역시 그곳에서 생겨난 원소로 이루어져 있습니다.

모든 것의 시작 '빅뱅'

지금으로부터 138억 년 전,[035] 우주는 눈에 보이지 않을 정도로 작은 초고온, 초고밀도의 불덩어리 같은 형태에서 시작되었습니다. 이 불덩어리가 폭발하여 놀라운 속도로 팽창하면서 공간으로 퍼져나갔습니다. 이 폭발을 빅뱅이라고 합니다.

빅뱅으로 인해 우주가 탄생한 직후에 쿼크라고 하는 양자와 중성자를 만드는 더욱 미세한 소립자가 탄생합니다. 쿼크는 다양한 장소에서 발생하기도 하고, 소멸되기도 하면서 여기저기에서 모여들었습니다. 우주가 생겨난 지 0.0001초 정도 지나서 온도가 낮아지자 쿼크가 모여 양자와 중성자가 만들어졌고, 수소의 원자핵(양자 한 개) 외에도 헬륨의 원자핵(양자 2개와 중성자 2개)이 만들어졌습니다.

원자핵만 존재한 상태가 약 38만 년 정도 지속되었고, 그 후에 원자핵이 주위를 떠돌던 전자를 포착해 최초의 원소인 수소^{H}와 헬륨^{He}가 만들어졌습니다. 그전까지는 빛이 여기저기를 날아다니는 전자에 부딪혀 똑바로 나아가지 못해서 온 우주가 '전자구름'에 덮인 상태였지만, 원소

---

035 미국 항공우주국(NASA)이 쏘아 올린 우주 탐사기 WMAP의 관측을 통해서 우주의 탄생은 '137억 년 전'이라고 생각하는 것이 정설이었지만, 2013년 3월에 우주 망원경 플랑크를 통해 관측한 결과, 138억 년 전이라는 해석 결과가 발표되었다.

가 탄생하면서 빛이 똑바로 나아갈 수 있게 되었습니다. 우주가 투명해진 것입니다. 이것을 가리켜 우주가 맑게 개었다고 표현합니다.

다음 무대는 태양과 같은 '항성'

우주의 탄생으로부터 수억 년이 지난 후, 우주 온도는 점차 내려가기 시작했습니다. 수소와 헬륨이 모여서 생긴 태양과 같은 항성이 제2단계가 발생하는 무대가 됩니다. 항성 내부에서 핵융합이 시작되고 그에 따라 수소는 헬륨이 되었고, 수소가 사라지자 거대하게 부풀어 올랐습니다. 그 후 헬륨도 핵융합을 일으켰고, 탄소^C, 질소^N, 산소^{O}처럼 더 무거운 원소가 생기기 시작했습니다. 더 나아가 별의 폭발로 인해 원소가 우주로 방출되기 시작했습니다. 이렇게 방출된 원소들은 새로운 별의 재료가 되었고, 항성 내부에서 핵융합이 반복되었습니다.

이윽고 가장 무거운 별에서 산소나 네온^{Ne}, 규소^{Si}, 황^{S}과 같은 원소들이 핵융합을 하기 시작했고, 마지막에는 철^{Fe}이 만들어졌습니다. 여기까지 만들어진 원소는 철을 포함해 총 26종류였습니다.

마지막 무대는 '초신성 폭발'

금^{Au}이나 우라늄^{U}처럼 철보다 무거운 원소를 합성하려면 다음 단계를 거쳐야 합니다. 질량이 태양의 10배 이상인 항성은 적색 초거성이 된 후에 초신성 폭발이 일어나 비산합니다. 원소가 합성된 3단계로 유력한 후보가 바로 이 초신성 폭발입니다. 초신성이 폭발하는 에너지로 인해 철보다 무거운 원소가 합성되었습니다. 폭발로 인해 별 내부에 있던 원소나 새로 생긴 무거운 원소들이 우주 공간에 흩뿌려졌습니다. 우리가 살고 있는 지구도, 인류도 이렇게 흩뿌려진 원소를 통해 만들어졌습니다.

'우주와 지구'를 구성하는 원소

우주의 원소 존재비

우주의 원소 존재비란 우주에 원소가 어떤 비율로 포함되어 있는지를 나타낸 것입니다. 항성에서 나오는 빛을 스펙트럼 분석하거나, 운석을 분석해서 존재비를 구합니다. 우주 전체에서 원소의 존재비를 살펴보면 수소가 가장 높으며(71%), 헬륨(27%), 산소, 네온, 탄소, 질소, 규소 순서로 나열할 수 있습니다. 처음에 만들어진 원소인 수소와 헬륨이 우주의 거의 98%를 차지하고 있는 것입니다.[036]

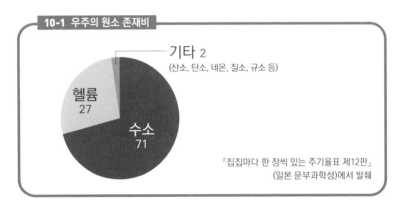

10-1 우주의 원소 존재비

기타 2
(산소, 탄소, 네온, 질소, 규소 등)

헬륨
27

수소
71

『집집마다 한 장씩 있는 주기율표 제12판』
(일본 문부과학성)에서 발췌

---

036 우주는 보이지 않는 무언가[암흑 에너지(dark energy) 69%, 암흑 물질(dark matter) 26%]로 가득 차 있으며, 이 장에서 언급한 원소는 전체의 5% 이하라고 알려져 있다. 암흑 물질은 아직 알려지지 않은 소립자(물질을 형성하는 가장 작은 입자)일지도 모른다는 가설이 있지만 구체적인 것은 밝혀지지 않았다. 전 세계의 연구자들이 이를 밝혀내기 위해 노력하고 있다.

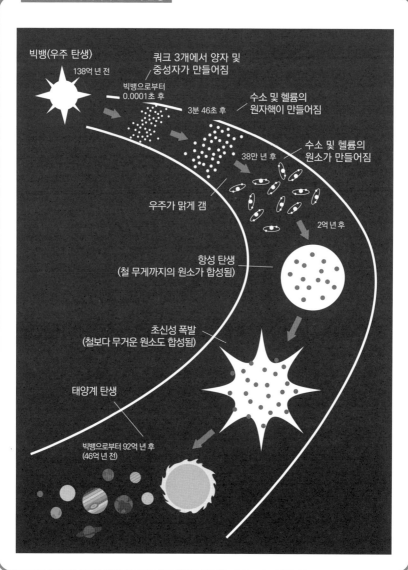

빅뱅(우주 탄생)

138억 년 전

쿼크 3개에서 양자 및
중성자가 만들어짐

빅뱅으로부터
0.0001초 후

3분 46초 후

수소 및 헬륨의
원자핵이 만들어짐

38만 년 후

수소 및 헬륨의
원소가 만들어짐

우주가 맑게 갬

2억 년 후

항성 탄생
(철 무게까지의 원소가 합성됨)

초신성 폭발
(철보다 무거운 원소도 합성됨)

태양계 탄생

빅뱅으로부터 92억 년 후
(46억 년 전)

'우주와 지구'를 구성하는 원소

11

지구의 표면은 무엇으로 구성되어 있을까요?

지구는 크게 나누면 지각, 맨틀, 핵, 이렇게 세 부분으로 구성됩니다. 지각은 지표에 있는 얇은 부분이며, 암석으로 이루어져 있습니다. 가장 많이 포함되어 있는 원소는 산소와 규소이고, 이 두 종류의 원소가 4분의 3을 차지합니다.

지각은 지구의 표면에 있는 암석으로 구성된 얇은 층

지구는 반경이 약 6,400킬로미터인 매우 거대한 구(球)입니다. 지구의 내부는 삶은 달걀처럼 층 형태의 구조라고 알려져 있습니다. 달걀의 '껍질'에 해당하는 부분이 지구의 지각이고, '흰자'는 맨틀, '노른자'는 핵에 해당합니다.

달걀의 흰자는 젤리같이 탄력 있는 질감인데, 지구의 맨틀 역시 탄성(누르면 원래대로 돌아가는 탄력 있는 성질)이 있다고 합니다. 단, 삶은 달걀과 지구의 차이점은 삶은 달걀의 노른자에 해당하는 지구의 핵이 내핵과 외핵의 두 개의 층으로 나뉘어 있다는 것입니다. 외핵은 액체이고, 지구

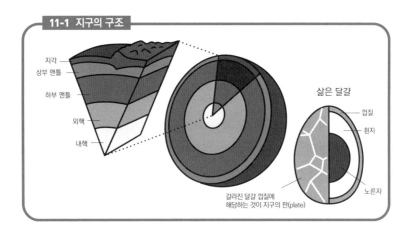

11-1 지구의 구조

지각
상부 맨틀
하부 맨틀
외핵
내핵

삶은 달걀
껍질
흰자
노른자

갈라진 달걀 껍질에
해당하는 것이 지구의 판(plate)

의 중심에 해당하는 내핵은 고체라고 합니다. 지각은 지구 전체로 살펴보면 대단히 얇은 부분입니다. 그래서 마치 달걀 껍질과 같습니다.

지각의 두께는 지진파가 전달되는 속도로 결정된다

유고슬라비아(지금의 크로아티아)의 지진학자 모호로비치치는 1909년에 발칸반도에서 발생한 지진을 조사해, 땅속에서 지진파가 전달되는 속도가 다르다는 것을 발견했습니다. 특정 깊이에서 지진파의 속도가 급격하게 커지는 것은 다시 말해 땅속에서 지진파가 전달되는 속도가 '느린 층'과 '빠른 층'이 있기 때문이라고 생각했습니다. 이것은 발칸반도에서만이 아니라 지구 전체에서 확인된 현상입니다. 그래서 지진파가 전달되는 속도가 느린 층을 지각, 전달 속도가 빠른 층을 맨틀이라고 부르게 되었으며 이 경계는 모호로비치치 불연속면(줄여서 모호면)이라고 불리게 되었습니다.

지각의 두께는 장소에 따라 다릅니다. 이것은 지구와 삶은 달걀의

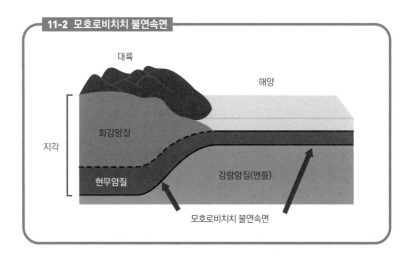

11-2 모호로비치치 불연속면

대륙

해양

화강암질

지각

현무암질

감람암질(맨틀)

모호로비치치 불연속면

'우주와 지구'를 구성하는 원소

차이점이기도 합니다. 달걀 껍데기의 두께는 어느 부분이든 일정하지만 지구의 지각의 두께는 지구의 여러 장소들마다 차이가 있습니다. 특히 대륙과 바다의 차이는 무려 10배에 달하는 경우도 있습니다.[037] 암석의 종류나 구조도 크게 차이가 납니다. 대륙의 지각의 상부는 주로 화강암질의 암석이며, 대륙 지각의 하부와 해양의 지각은 주로 현무암질의 암석으로 구성되어 있습니다.

지각을 구성하는 원소

지각은 어떤 물질로 구성되어 있을까요. 화강암을 구성하는 주요 물질들의 화학적 조성을 중량 퍼센트로 나타내면 이산화규소 72.2%, 산화알루미늄 14.6%, 산화칼륨 4.50% 등으로 나타낼 수 있습니다.[038] 현무암(심해저)의 경우에는 이산화규소 50.68%, 산화알루미늄 15.60%, 산화칼슘 11.44%, 산화철(FeO) 9.85%, 산화마그네슘 7.69% 등으로 구성되어 있습니다.[039]

　화강암과 현무암의 경우, 이산화규소가 가장 많이 포함되어 있고 이산화 알루미늄이 그다음으로 많이 포함되어 있습니다. 그러나 다른 물질들은 포함된 정도나 중량 퍼센트가 암석에 따라 다릅니다. 마그마에서 만들어진 암석인 화성암(火成巖)은 그 밖에도 여러 종류가 존재합니

037　대륙은 두꺼운 편이어서 30~50킬로미터 정도이고, 바다는 5~10킬로미터 정도로 얇은 편이다.

038　이 외에도 산화나트륨 2.90%, 산화철 2.40%, 산화칼슘 1.70%, 산화마그네슘 1.00%, 산화타이타늄 0.30%(일본 국립 천문대 출간《이과 연표》 2020년판 참조)가 포함되어 있다.

039　이 외에도 산화나트륨 2.66%, 산화타이타늄 1.49%, 산화칼륨 0.17%, 산화인 0.12%(일본 국립 천문대 출간《이과 연표》 2020년판 참조)가 포함되어 있다.

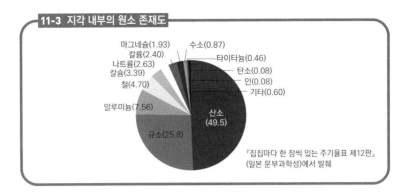

11-3 지각 내부의 원소 존재도

마그네슘(1.93)
칼륨(2.40)
나트륨(2.63)
칼슘(3.39)
철(4.70)
알루미늄(7.56)
규소(25.8)
산소(49.5)
수소(0.87)
타이타늄(0.46)
탄소(0.08)
인(0.08)
기타(0.60)

『집집마다 한 장씩 있는 주기율표 제12판』
(일본 문부과학성)에서 발췌

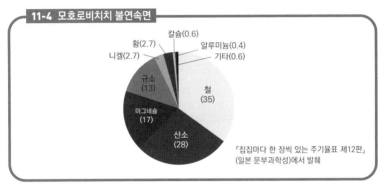

11-4 모호로비치치 불연속면

황(2.7)
니켈(2.7)
규소(13)
마그네슘(17)
산소(28)
칼슘(0.6)
알루미늄(0.4)
기타(0.6)
철(35)

『집집마다 한 장씩 있는 주기율표 제12판』
(일본 문부과학성)에서 발췌

다. 지각 전체에 원소가 얼마나 포함되어 있는지를 추측하기 위해서는 지각 내부의 암석 분포를 조사하거나 추정하는 방식을 사용합니다.

지각을 구성하는 원소 중에서 구성 비율이 높은 원소들로는 산소^O, 규소^{Si}, 알루미늄^{Al}, 철^{Fe}, 칼슘^{Ca}, 나트륨^{Na}, 칼륨^K, 마그네슘^{Mg}이 있으며, 이 원소들로 지각 전체의 대부분인 98%를 차지하고 있습니다.[040] 특히 가장 많이 포함된 원소인 산소는 지각의 약 절반(49.5 중량 퍼센트)을 차지합니다. 우리가 살고 있는 지각은 그야말로 산소권이라고도 할 수 있는 것입니다.

040　수치는 추정 값이며 조사한 샘플이나 조사 방법에 따라 결과가 달라질 수 있다.

　　　　　'우주와 지구'를 구성하는 원소

12

지구의 내부는 어떻게 구성되어 있을까요?

지구의 중심인 핵이나 맨틀은 우리가 살고 있는 곳이면서도 인류가 도달하지 못한 미지의 세계입니다. 비록 인류가 그곳에 도달하지는 못했지만, 다양한 방법으로 핵이나 맨틀이 어떤 원소로 구성되어 있는지 추측하고 있습니다.

맨틀에 닿을 때까지 구멍을 파서 암석을 채취하려는 발상

지구의 내부는 어떻게 구성되어 있을지 궁금할 것입니다. 지구의 중심까지 구멍을 파면 확인할 수 있을 것이라고 생각할 수도 있겠지만, 지면을 계속 파 내려가다 보면 처음에는 흙으로 시작하지만 이윽고 암반에 도달하게 되기 때문에 쉽게 파 내려갈 수가 없습니다.

지금까지 가장 깊게 굴착한 기록은 구소련이 콜라반도에서 깊이 약 12킬로미터 정도까지 파 내려간 것으로, 맨틀에 도달하지도 못했습니다. 그렇지만 맨틀을 구성하고 있는 물질에 대해서는 맨틀 상부에 대해서만 어느 정도 밝혀졌는데, 맨틀의 깊이가 약 300킬로미터 정도까지는 감람암으로 구성되어 있다고 합니다.[041]

앞으로 기대할 수 있는 조사 방법 중에 2005년 7월에 완성한 지구 심부 탐사선 '지구'가 있습니다. '지구'는 세계 최고의 굴착 능력(바다 밑 7천 미터)을 가지고 있습니다. '지구' 탐사선의 최대의 목표는 바다 밑 깊숙한 곳까지 굴착해서 지금까지 인류가 도달하지 못한 맨틀의 샘플을 채취하는 것입니다. 인류 역사상 최초의 쾌거를 달성하기를 기대해 봅니다.

---

041   다이아몬드가 형성된 '킴벌라이트 파이프'라고 불리는 광상(鑛床) 덕분에 밝혀진 사실이다. 200~300 킬로미터 아래의 대단히 깊은 곳에서 발생한 대폭발로 인해 지표면을 향해 엄청난 속도로 뿜어져 나온 후 냉각된 마그마는 다이아몬드 원석을 포함한 '킴벌라이트'라고 불리는 광물이 된다.

운석의 성분을 가지고 지구 내부의 성분을 추측

지구를 시작으로 하는 태양계의 행성들은 미(微) 행성[042]이라고 하는 '별의 조각'이 충돌과 합체를 반복하며 모여서 만들어졌다고 합니다. 이것은 46억 년 전에 발생한 일입니다.[043] 운석의 종류 중에는 암석으로 구성된 것, 철[Fe]로 구성된 것, 암석과 철이 혼재하는 것 등이 있습니다. 이들은 지구를 구성하는 미행성의 근원이 됩니다. 다시 말해, 지구의 고체 부분을 형성하고 있는 원소는 태양계와 같은 우주의 고체 부분을 구성하는 원소와 동일하다는 것입니다.

또한 아폴로 11호가 가지고 온 달 표본을 분석해 본 결과, 일찍이 달 전체가 마그마로 덮여있었다는 사실을 알게 되었습니다. 탄생한 지 얼마 되지 않은 지구 역시 미행성의 끊임없는 충돌 에너지로 인한 방대한 열에 의해 녹아내린 마그마의 바다인 '마그마 오션'으로 지구 전체가 뒤덮였다고 추측합니다.

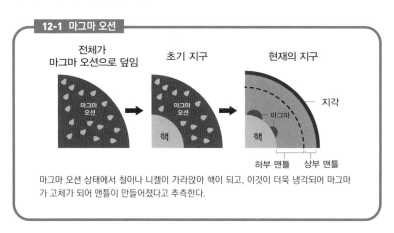

12-1 마그마 오션

마그마 오션 상태에서 철이나 니켈이 가라앉아 핵이 되고, 이것이 더욱 냉각되어 마그마가 고체가 되어 맨틀이 만들어졌다고 추측한다.

---

042 태양계가 형성된 초기에 존재했다고 추측되는 미소 천체. 지금도 존재하는 소행성이나 혜성과는 다른 것이다.

043 이 연대는 지구에 낙하한 운석의 방사성 연대 측정을 통해 알게 된 것이다

'우주와 지구'를 구성하는 원소

지진파로 지구 내부를 추정

지구는 대단히 거대하기 때문에 당연한 말이지만 사람이 지구를 쾅쾅 두드리는 정도로는 조금도 변하지 않습니다. 그런데 사람이 두드리는 것을 대신해서 지구를 두드리는 것이 바로 '지진'입니다. 지진파를 통해서도 지구에 핵이 있다고 추측할 수 있습니다.

지구 내부는 점점 깊어짐에 따라 온도와 압력이 증가합니다. 지구의 중심은 364만 기압에 5,500℃의 초고압 고온 상태입니다. 이러한 환경을 실험실에서 재현한 후, 이 환경에서 물질이 어떠한 상태가 되는지를 조사해 본 결과 알게 된 것은 마그마 오션의 바닥에 잠긴 철과 같은 무거운 원소가 지구 중심으로 가라앉아서 핵을 만들었다는 것입니다. 핵은 대량의 철과 함께 니켈^{Ni}, 불순물인 황^S, 산소^O, 수소^H 등의 가벼운 원소로 구성되어 있다고 추측합니다.

맨틀은 이산화규소 44.9퍼센트, 산화마그네슘 37.8퍼센트, 산화철 8.05퍼센트, 산화알루미늄 4.5퍼센트, 산화칼슘 3.54퍼센트 등으로 구성되어 있습니다. 지각과 비교하면 마그네슘^{Mg}이 풍부하다는 것을 알 수 있습니다.

만유인력의 법칙을 사용해 지구의 질량을 계산하면, 지구의 부피를 가지고 지구 전체의 평균 밀도를 구할 수 있습니다. 이렇게 계산한 결과는 55.1g/cm³이며, 지각을 구성하는 화강암의 밀도$_{(2.67g/cm^3)}$나 현무암의 밀도$_{(2.80g/cm^3)}$의 두 배 가까이 됩니다. 이 사실을 통해서 지구의 맨틀과 핵은 지각보다 훨씬 큰 밀도라는 것을 추측할 수 있습니다.

13

바닷물과 인체의 성분이 비슷하다고요?

우주에서 지구를 바라보면 푸른 바다와 흰 구름에 덮여 아름답게 빛나고 있습니다. 지구가 푸르게 보이는 이유는 지구의 표면적의 약 70%가 바다이기 때문입니다. 바닷물에서는 짠맛이 나는데, 그 이유가 무엇인지 살펴봅시다.

바닷물의 성분

바닷물에는 다양한 물질이 녹아 있는데, 그중에서도 식용 소금의 원료가 되는 나트륨 이온 $[Na^+]$과 염화물 이온$[Cl^-]$이 많이 포함되어 있습니다. 일반적인 바닷물에는 1리터당 32~38그램 정도의 다양한 물질이 녹아 있으며, 그중 80퍼센트가 식용 소금의 원료가 되는 나트륨 이온과 염화물 이온입니다. 그렇기 때문에 바닷물을 핥아보면 짠맛이 나는 것입니다.[044]

바닷물에는 염분류 외에도 대기를 구성하는 성분인 산소^O $[O_2]$, 질소N $[N_2]$, 이산화탄소$[CO_2]$, 아르곤^{Ar} 등이 녹아 있습니다. 녹아 있는 기체들 중에서 산소는 해양 생물의 호흡, 유기물의 산화 분해, 해양 속의 산화 환원과 같은 현상과 관계가 있습니다. 이산화탄소는 식물의 광합성을 통한 해양 유기물 생산의 기초 재료로 사용됩니다. 또한 해수면을 통해 대기와 이산화탄소를 교환해서 대기 속 이산화탄소 농도의 변화를 조정하는 역할도 수행합니다.

지구에는 천연으로 존재하는 원소(원자의 종류)가 약 90종이 있는데, 미

044　나트륨 이온, 염화물 이온 다음으로 많은 것이 황 이온, 마그네슘 이온이다. 또한 바닷물의 수분을 전부 증발시키면 아마도 두께가 수십 미터가 되는 소금이 바다 밑을 뒤덮을 것이다.

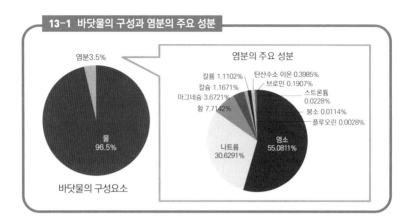

13-1 바닷물의 구성과 염분의 주요 성분

염분3.5%

물
96.5%

바닷물의 구성요소

염분의 주요 성분

칼륨 1.1102%
칼슘 1.1671%
마그네슘 3.6721%
황 7.7142%

탄산수소 이온 0.3985%
브로민 0.1907%
스트론튬 0.0228%
붕소 0.0114%
플루오린 0.0028%

염소
55.0811%

나트륨
30.6291%

량 존재하는 성분까지 포함하면 그 대부분이 바닷물에 포함되어 있습니다.

바닷물과 인체의 성분이 비슷하다고요?

지구의 역사에서 가장 큰 변화는 생명이 탄생한 것입니다. 먼저 바닷속에서 아미노산끼리 서로 반응하고, 그다음으로 단백질과 비슷한 화합물이 생성되었습니다.[045] 그리고 핵산과 비슷한 분자와 단백질과 비슷한 분자가 조합되었고, 이것이 기름과 비슷한 화합물과 단백질로 구성된 봉지 형상의 작은 입자 안에 들어가게 되었습니다. 자기 복제가 가능한 능력을 가진 생명이 탄생한 것입니다(적어도 35억 년 전).

　원시 바다에서 처음으로 탄생한 생명은 인류를 포함해 이후 모든 생명의 시초가 되었습니다. 그렇다고 한다면 인류에게 바다에서 살았던 때의 기억인 남아 있을지도 모르는 일입니다. 바닷속에서 탄생한

045　생명의 재료가 되는 아미노산이나 핵산 염기 등이 어디서 만들어져 바다로 운반되었는지에 대해서는 지표면에서, 해저에서, 지구 바깥에서와 같은 다양한 설이 존재한다.

생명은 당시 바닷물 속의 미네랄[046]을 체내에 흡수했을 것입니다.

오른쪽 표는 인체, 바닷물, 지구 표층(지각)에 포함되어 있는 원소를 포함된 양이 많은 순서에 따라 나열한 것입니다. 인체에 포함되어 있는 원소는 인[P]을 제외하면 바닷

13-2 주요 원소의 존재량

순위	지구(지각)	해수	생명(인체)
1	산소	수소	수소
2	철	산소	산소
3	마그네슘	염소	탄소
4	규소	나트륨	질소
5	황	마그네슘	칼슘
6	알루미늄	황	인
7	칼슘	칼륨	황
8	니켈	칼륨	나트륨
9	크로뮴	탄소	칼륨
10	인	질소	염소

물에 포함된 원소와 공통된 것이 제법 많습니다. 한편, 지구 표층과 인체를 비교해 보면 철[Fe]이나 규소[Si]처럼 지구 표층에 다량 포함되어 있는 원소들이 인체에는 그다지 포함되어 있지 않습니다. 또한 아래의 표에서 사람과 개 그리고 해파리의 체액 성분을 분류한 데이터를 보면 육지에서 생활하는 포유류인 개는 물론이고, 바다에서 살고 있는 하등 동물인 해파리나 바닷물과도 비슷하다는 것을 알 수 있습니다.[047] 이처럼 우리의 인체 내에는 바닷물 성분의 흔적이 남아있다고 생각할 수 있습니다.

14-1 건조 공기의 주요 성분

	Na^+	K^+	Ca^{2+}	Mg^{2+}	Cl^-
바닷물	100	3.61	3.91	12.1	181
해파리	100	5.18	4.13	11.4	186
개	100	6.62	2.8	0.76	139
사람	100	6.75	3.10	0.70	129

＊ Na^+ 이온 농도를 100으로 환산했을 때의 값

046   미네랄은 무기질이며, 산소, 탄소, 수소, 질소 이외의 원소이다.

047   마그네슘 이온[Mg^{2+}]은 제외한다.

'우주와 지구'를 구성하는 원소

14

공기는 어떤 원소로 구성되어 있을까요?

항상 우리 주변에 존재하며 우리에게 대단히 가까이 있지만 일상적으로는 존재 자체를 잘 인식하지 못하는 것, 이것은 바로 '공기'입니다. 우리가 살아가는데 필수 요소인 공기는 과연 어떤 원소로 구성되어 있는지 살펴봅시다.

건조 공기는 함유량이 많은 순서대로 나열하면 질소, 산소, 아르곤 순

공기는 지구의 표면을 감싸고 있는 대기의 아래층을 형성하는 기체를 의미하며 지표면에서 멀어질수록 점점 옅어지는데, 지표면에서 7킬로미터 높이까지 멀어지면 2분의 1 정도로 줄어듭니다. 우리가 살고 있는 지구는 대기라고 불리는 기체에 둘러싸여 있으며, 대기에는 다양한 기체들이 포함되어 있습니다.[048]

수증기가 없는 건조 공기의 경우, 부피 순으로 나열해 보면 질소^N[N_2]가 약 78퍼센트, 산소^O[O_2]가 약 21퍼센트 함유되어 있어서, 이 두 원소가 건조 공기의 거의 대부분을 차지합니다. 나머지는 아르곤^{Ar}이 약 1퍼센트, 이산화탄소[CO_2]가 약 0.04퍼센트 정도 포함되어 있습니다.

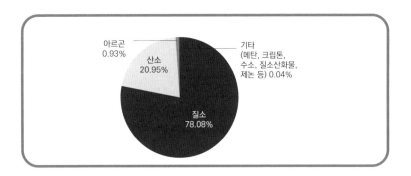

아르곤
0.93%

산소
20.95%

기타
(메탄, 크립톤,
수소, 질소산화물,
제논 등) 0.04%

질소
78.08%

---

048 기체의 성분 조성은 지상에서 40킬로미터 정도까지 거의 일정하다.

공기는 반드시 수증기를 머금고 있다

실제 공기는 반드시 수증기를 머금고 있습니다. 그러나 머금는 양은 일정하지 않습니다. 공기가 머금을 수 있는 수증기의 최대치(포화 수증기량)는 기온에 따라 달라지며, 기온이 높아질수록 커집니다.

공기 중에 수증기가 얼마나 포함되어 있는지를 나타내는 것이 상대 습도(일기예보 등에서 습도라고 줄여서 말하기도 한다)입니다. 상대 습도는 실제로 공기 중에 포함되어 있는 수증기량(1m³ 중 몇 그램이 포함되어 있는지, 다시 말해 g/m³)이 해당 기온의 포화 수증기량(g/m³)의 몇 퍼센트에 해당하는지 표시합니다.[049]

건조 공기의 성분에서 부피 퍼센트가 많은 순으로 4위까지를 살펴보면, 그중에서 화합물은 이산화탄소밖에 없습니다. 여기에 수증기 [H_2O]를 더해봅시다. 그러면 공기의 주요 원소는 질소, 산소, 아르곤, 수소[H], 탄소[C]가 됩니다. 수소는 수증기 분자에, 탄소는 이산화탄소 분자에 포함되어 있습니다.

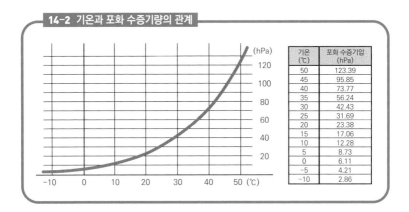

14-2 기온과 포화 수증기량의 관계

기온 (℃)	포화 수증기압 (hPa)
50	123.39
45	95.85
40	73.77
35	56.24
30	42.43
25	31.69
20	23.38
15	17.06
10	12.28
5	8.73
0	6.11
−5	4.21
−10	2.86

049 습도(%)=공기 1m³ 중에 포함된 수증기량(g/m³)해당 기온의 포화 수증기량(g/m³)100

'우주와 지구'를 구성하는 원소

산소는 광합성 하는 생물이 만들어낸 것

지구가 만들어진 약 46억 년 전, 갓 만들어진 지구의 대기는 어떠한 이유로 지구의 중력권 밖으로 흩어지게 되었고 그 후 지구 내부에서 화산을 통해 지구 표면으로 나온 기체가 대기가 되었습니다. 대기의 대부분은 이산화탄소이고 질소가 약간 있는 정도이며, 산소는 존재하지 않았습니다.[050]

지구의 온도가 낮아지자 대기 중의 수증기는 비가 되어 내리기 시작했고, 이윽고 바다가 생겼습니다. 이 바다에 이산화탄소가 점점 녹아들기 시작했습니다. 이렇게 질소는 대기 중에 가장 많이 포함된 기체가 되었습니다. 바다에서는 생물이 생기기 시작했는데, 바다에 녹아있는 이산화탄소를 흡수해서 산소를 방출하는 광합성을 하는 생물이 나타났습니다. 이것이 약 25억 년 전의 일입니다. 이러한 생물들 덕분에 대기 중에 산소가 증가하게 되었습니다.

이윽고 호흡하기 위해 산소를 사용하는 생물이 진화하기 시작했습니다. 대기 중에 산소가 증가하자 성층권에 오존층이 생겼고, 유해한 자외선이 지표에 도달하는 것을 막을 수 있게 되었습니다. 이렇게 해서 지금까지는 물 안에서만 생활할 수 있었던 생물들이 차례로 육지로 이동하기 시작했습니다. 우리가 살아가기 위해 반드시 필요한 산소는 광합성을 하는 생물들이 만들어낸 것입니다.

050　지금의 금성의 대기와 비슷하다. 지금의 금성은 이산화탄소가 98퍼센트이고, 그 외에는 아르곤과 질소로 구성되어 있다.

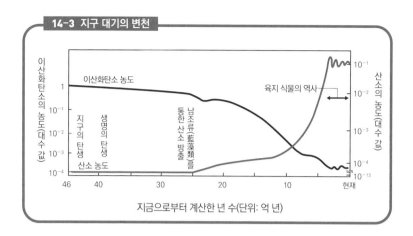

14-3 지구 대기의 변천

이산화탄소의 농도(대수 값)

이산화탄소 농도

육지 식물의 역사

지구의 탄생

생명의 탄생

남조류(藍藻類)를 통한 산소 방출

산소 농도

산소의 농도(대수 값)

46　40　　30　　　20　　　10　　현재

지금으로부터 계산한 년 수(단위: 억 년)

의외로 대기 중에 많이 포함되어 있는 아르곤

대기를 구성하는 아르곤[051]은 비활성 기체에 속하는 무색무취의 기체입니다. 아르곤은 다른 물질과는 거의 반응하지 않습니다. 공기 중에는 0.93% 정도로 의외로 많이 포함되어 있지만, 공기 속에 포함된 기체라는 인지도는 높지 않은 듯합니다.

비활성 기체의 첫 발견은 1894년에 영국 과학자 램지[052]와 레일리가 아르곤을 발견한 것이었습니다. 레일리는 대기에서 분리해 낸 질소가 질소화합물에서 얻은 질소보다 밀도가 크다는 것을 발견했습니다. 그래서 램지는 대기 중에 새로운 원소가 포함되어 있을 것이라는 생각을 바탕으로 끈기 있게 실험을 반복해서, 공기 중에 1퍼센트 가까이 포함되어 있는 아르곤을 발견해냈습니다.

051 　우리 주변에서 아르곤은 백열전구나 형광등에 사용된다. 네온사인의 경우에는 네온에 아르곤을 소량 혼입하면 네온을 붉은빛 대신에 푸른색이나 초록색으로 빛나게 할 수 있다. '36·형광등 끝부분이 검게 변하는 이유는 무엇일까요?' '38·네온사인은 어떤 원리로 빛을 낼까요?' 참조.

052 　램지는 아르곤 외에도 공기 중에서 비활성 기체인 네온, 크립톤, 제논을 발견했다. '05·주기율표의 구조와 예측된 원소' 참조.

　　　　　　　　　　　　　　　　　　'우주와 지구'를 구성하는 원소

15

식물은 어떤 원소로 구성되어 있을까요?

식물도 동물도 모두 세포로 구성되어 있다는 공통점이 있습니다. 둘 다 생물이기 때문에 세포를 구성하는 물질이나 원소의 공통점도 있지만 차이점도 존재합니다. 어떤 차이점이 있는지 살펴봅시다.

식물은 광합성으로 얻은 영양분으로 성장한다

식물은 광합성을 통해 이산화탄소를 흡수하고, 이산화탄소와 물을 가지고 당(포도당, 녹말, 셀룰로오스 등)을 합성합니다. 그리고 이렇게 합성한 당과 뿌리에서 흡수한 무기영양분을 가지고 단백질, 지방을 시작으로 모든 성분을 합성하고 성장합니다.

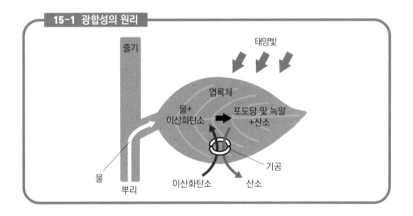

15-1 광합성의 원리

태양빛

줄기

엽록체

물+
이산화탄소 ➡ 포도당 및 녹말
+산소

기공

물

뿌리

이산화탄소   산소

생물에 포함되어 있는 탄소의 절반 정도는 셀룰로오스

동물의 세포와 식물의 세포에서 결정적으로 다른 점은 세포벽의 유무입니다. 식물 세포의 가장 바깥쪽에는 세포벽이 있는데, 이 세포벽의 성분은 셀룰로오스입니다. 셀룰로오스의 양은 식물을 건조한 중량의 3분의 1에서 2분의 1에 달하며, 지구상의 생물에 포함되는 탄소의 약 절반은 셀룰로오스라고도 합니다.[053] 셀룰로오스는 솜이나 종이 등의 성분으로도 사용되기 때문에 우리에게도 익숙한 존재입니다.

아래에 옥수수(뿌리, 줄기, 잎, 열매 전체)와 인체의 성분 예시(중량 퍼센트)를 비교한 그래프가 있습니다. 옥수수에 당분이 대단히 많은 이유는 세포벽에 셀룰로오스를 많이 포함하고 있기 때문입니다.

엽록체에는 마그네슘이 있다

식물은 잎의 기공을 통해서 공기 중의 이산화탄소를 흡수해서 광합성

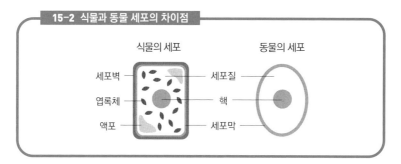

15-2 식물과 동물 세포의 차이점

식물의 세포　　　　　　동물의 세포

세포벽 — 　　　　　— 세포질
엽록체 — 　　　　　— 핵
액포 — 　　　　　— 세포막

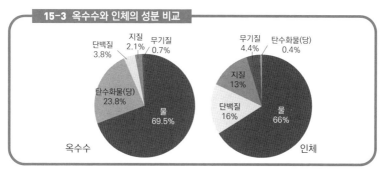

15-3 옥수수와 인체의 성분 비교

옥수수
단백질 3.8%
지질 2.1%
무기질 0.7%
탄수화물(당) 23.8%
물 69.5%

인체
무기질 4.4%
탄수화물(당) 0.4%
지질 13%
단백질 16%
물 66%

053　연간 생산량은 약 1천억 톤에 달한다. 셀룰로오스는 녹말과 마찬가지로 많은 포도당이 직선형으로 결합한 형태이지만, 녹말과는 포도당 분자의 입체 구조가 다르다.

원료로 사용합니다. 또한 물은 뿌리에서 흡수합니다. 잎의 세포 내에 있는 녹색 엽록체로 광합성을 하는데, 엽록체 안에는 클로로필(엽록소)이라고 하는 색소가 들어 있습니다. 클로로필은 마그네슘^{Mg}을 중심으로 한 복잡한 구조의 고분자입니다.

뿌리에서 무기영양분을 흡수

식물은 물에 녹아 있는 무기영양분을 물과 함께 뿌리를 통해 체내로 흡수합니다.

질소^{N}는 단백질이나 핵산의 구성 요소가 되며, 가지나 잎을 성장하게 합니다. 인^{P}은 유전 정보를 보존, 전달하는 DNA[054]를 만들고, 꽃이나 열매가 잘 열리게 합니다. 칼륨^{K}은 세포질에 포함되어 있으며 줄기나 잎을 튼튼하게 만듭니다. 흙에서는 이 모든 원소들이 부족하기 쉽기 때문에 이것을 비료의 삼대 원소라고도 합니다. 특히 질소는 작물에 가장 부족하기 쉬운 원소이므로 질소 공급을 위해 다양한 질소 비료를 생산하고 있습니다.[055]

질소, 인, 칼륨 외에도 마그네슘, 칼슘^{Ca}, 황^{S} 이렇게 여섯 원소가 주로 식물을 구성하고, 광합성을 돕고, 클로로필에 관여하기도 합니다. 식물에 빼놓을 수 없는 미량원소로는 철^{Fe}, 염소^{Cl}, 아연^{Zn}, 붕소^{B}, 망가니즈^{Mn}, 구리^{Cu}, 몰리브데넘^{Mo}의 일곱 종류가 있습니다.

---

054 디옥시리보 핵산(deoxyribonucleic acid).

055 가장 많이 생산되는 것은 유안(황산암모늄)이며, 이 외에도 요소나 염화암모니아(염화암모늄) 등이 있다. 화학 비료는 주로 비료의 삼대 요소를 식물이 흡수하기 쉬운 화합물 형태로 제공한다.

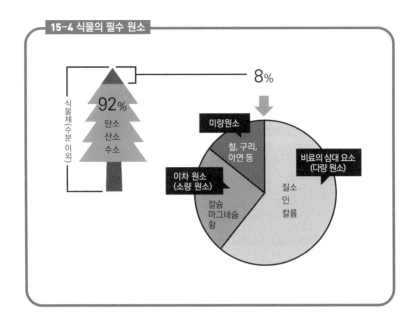

15-4 식물의 필수 원소

8%

92%
탄소
산소
수소

식물체(수분 이외)

미량원소
철, 구리, 아연 등

비료의 삼대 요소
(다량 원소)

이차 원소
(소량 원소)

칼슘
마그네슘
황

질소
인
칼륨

식물을 구성하는 원소

옥수수의 성분 예시를 통해 식물을 구성하고 있는 원소를 살펴봅시다. 물은 산소^{O}와 수소^{H}이고 당은 주로 셀룰로오스이며, 탄소^C, 수소, 산소, 단백질은 탄소, 수소, 산소, 질소, 황 그리고 지방은 탄소, 수소, 산소로 구성되어 있습니다.

　가장 양이 많은 순서대로 나열하면 탄소, 산소, 수소, 질소 네 가지를 들 수 있습니다. 그다음으로는 칼륨, 칼슘, 마그네슘, 인, 황의 순서입니다.[056] 철, 염소, 아연, 붕소, 망가니즈, 구리, 몰리브데넘도 포함되어 있습니다.

056　부위, 세포 내, 생육 환경에 따라 함유율이 달라질 수 있다.

16

인체는 어떤 원소로 구성되어 있을까요?

연령이나 체형에 따라서 차이는 있겠지만, 우리의 몸은 50퍼센트 이상이 물로 구성되어 있다고 합니다. 인체에 물을 만드는 수소와 산소 이외에 어떤 원소들이 포함되어 있을지 살펴봅시다.

인체를 구성하는 물질과 다량 원소

인체 내에서는 물이 존재하는 비중이 가장 크고, 그 이외의 원소를 많은 순서대로 나열하면 단백질, 지방(지질), 무기물(미네랄), 당의 순서입니다.

우리 몸속 근육이나 각 기관뿐만 아니라 머리카락이나 손톱도 단백질로 구성되어 있습니다. 또한 생명을 유지하는 데 중요한 작용을 하는 효소, 호르몬이나 항체[057]도 주로 단백질로 구성됩니다. 단백질은 종류가 대단히 많으며, 사람 몸속에 약 10만 종류가 있다고 합니다. 단백질은 아미노산이 많이 연결된 구조입니다. 아미노산은 공통적으로 탄소^C, 수소^H, 산소, 질소^{N}을 포함하고 있으며, 개중에는 황^{S}를 포함하는 것도 있습니다.

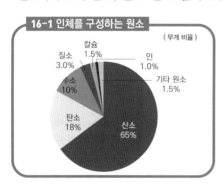

16-1 인체를 구성하는 원소

(무게 비율)

칼슘 1.5%
질소 3.0%
인 1.0%
수소 10%
기타 원소 1.5%
탄소 18%
산소 65%

지방이나 당은 탄소, 수소, 산소로 구성됩니다. 무기질(미네랄)은 특히 체중의 1~2퍼센트를 차지하는 뼈와 치아는 인산칼슘으로 구성되어

057　호르몬은 인체의 움직임을 조정하는 작용을 하며, 항체는 몸 바깥에서 침입하는 적을 공격해 신체를 보호하는 작용을 한다.

있으므로, 칼슘과 인이 풍부합니다. 따라서 인체의 필수 원소를 다량 원소, 소량 원소, 미량 원소, 초미량 원소로 분류하면 다량 원소에는 산소, 탄소, 수소, 질소, 칼슘^{Ca}, 인^{P}이 포함됩니다. 이러한 다량 원소들이 인체의 98.5퍼센트를 차지합니다.

16-2 인체 내에 존재하는 원소의 세부 사항

분류	원소명	비율	체중 60킬로그램 중에 포함되는 양
다량 원소	산소	65%	39kg
	탄소	18%	11kg
	수소	10%	6.0kg
	질소	3%	1.8kg
	칼슘	1.5%	900g
	인	1%	600g
소량 원소	황	0.25%	150g
	칼륨	0.2%	120g
	나트륨	0.15%	90g
	염소	0.15%	90g
	마그네슘	0.05%	30g
미량 원소	철	—	5.1g
	플루오린	—	2.6g
	규소	—	1.7g
	아연	—	1.7g
	스트론튬	—	0.27g
	루비듐	—	0.27g
	브로민	—	0.17g
	납	—	0.10g
	망가니즈	—	86mg
	구리	—	68mg
초미량 원소	알루미늄	—	51mg
	카드뮴	—	43mg
	주석	—	17mg
	바륨	—	15mg
	수은	—	11mg
	셀레늄	—	10mg
	아이오딘	—	9.4mg
	몰리브데넘	—	8.6mg
	니켈	—	8.6mg
	붕소	—	8.6mg
	크로뮴	—	1.7mg
	비소	—	1.7mg
	코발트	—	1.3mg
	바나듐	—	0.17mg

주 : 1mg = 0.001g

'우주와 지구'를 구성하는 원소

소량 원소, 미량 원소, 초미량 원소

사람은 다량 원소 여섯 종류만 가지고 살 수 없습니다. 소량이라 하더라도 좋은 작용을 하고, 없어서는 안 될 원소들이 있습니다. 그러한 원소들이 바로 소량 원소, 미량 원소, 초미량 원소입니다.

소량 원소는 황, 칼륨^K, 나트륨^{Na}, 염소^{Cl}, 마그네슘^{Mg}이며, 다량 원소와 소량 원소를 합하면 전체의 99.3퍼센트에 달합니다. 그리고 나머지 0.7퍼센트가 미량 원소와 초미량 원소입니다.

미량 원소는 아주 많은 단백질과 효소에 존재하며, 각각 고유의 화학 반응을 일으키는 촉매가 되기도 하는 중요한 역할을 담당합니다.[058] 이러한 원소들이 결핍되면 결핍 증상을 보이며, 과잉 섭취하면 과잉증 및 중독 증상을 일으키기 때문에 적정량을 섭취할 필요가 있습니다.

특히 초미량 원소 중에는 과잉 섭취하게 되면 심한 중독 증상을 일으키는 물질이 많습니다. 예를 들어, 후쿠시마 제일 원전 폭발 사고에서 방사성 아이오딘이 방출되었을 때, 아이오딘I을 포함한 소독제가 화제가 된 적이 있습니다. 아이오딘 자체는 체중 70킬로그램인 사람이 겨우 2밀리그램만 섭취해도 중독 증상을 일으킬 수 있습니다.

058　예를 들어 철은 미량이지만 적혈구의 헤모글로빈에 포함되어 산소를 각 세포에 운반하는 중요한 역할을 합니다. 철이 부족하면 빈혈 증상이 발생합니다. '42 • 문어와 오징어의 피는 왜 푸른색일까요?' 참조.

'인류의 역사'와
함께 한 원소

17

'불'의 활용과 탄소·황의 발견

인류는 옛날부터 불을 다루는 기술을 발전시켰습니다. 목탄은 나무를 태워서 얻을 수 있으며, 주로 탄소로 구성된 연료입니다. 황은 천연 결정 형태로 산출되기 때문에 옛날부터 잘 알려져 있었습니다.

'연소'는 인류가 발견한 가장 중요한 화학 변화

물체가 타는 것, 다시 말해 연소는 인류가 가장 오래전에 발견한 화학 변화이자 가장 중요한 화학변화입니다. 아마도 화산의 분화나 낙뢰에 의해 산의 나무가 불타는 것과 같은 자연적으로 발생한 화재를 통해서 인류가 연소 현상을 발견했을 것이라고 추측합니다. 그 후 인류는 나무와 나무를 마찰하거나, 돌과 돌을 두드려서 불을 붙이는 방법을 발견했습니다.

인류는 불을 만들어낼 수 있게 되자 빛, 난방, 조리, 맹수를 방어하는 용도로 불을 이용했습니다. 현재 인류가 불을 사용했다는 가장 오래된 확실한 증거는 약 100만 년 전에 호모 에렉투스[059]가 사용했다고 추측되는 남아프리카 공화국의 본데르베르크(원더 워크) 동굴 유적입니다. 이 장소에서 식물의 재와 불탄 뼛조각이 발견되었습니다.

불을 사용한 명확한 증거가 많이 남아있는 것은 옛날 네안데르탈인 시대(60만 년 전 이후)부터입니다. 다만 네안데르탈인이 어떤 방법으로 불을 붙였는지는 알려져 있지 않습니다.

---

059 홍적세(약 258년 전부터 약 1만 년 전)에 살았던 사람 속 분류에 속하는 종이다. 현생 인류가 속한 호모 사피엔스와의 생존경쟁에서 졌다고 알려져 있다.

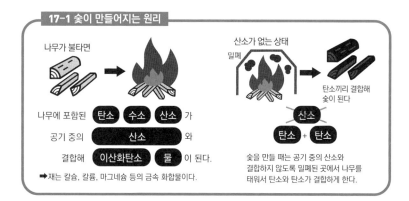

나무가 불타면

산소가 없는 상태
밀폐

탄소끼리 결합해
숯이 된다

나무에 포함된 **탄소** **수소** **산소** 가
공기 중의 **산소** 와
결합해 **이산화탄소** **물** 이 된다.

산소
탄소 + **탄소**

숯을 만들 때는 공기 중의 산소와
결합하지 않도록 밀폐된 곳에서 나무를
태워서 탄소와 탄소가 결합하게 한다.

➡재는 칼슘, 칼륨, 마그네슘 등의 금속 화합물이다.

불을 다루는 기술의 발전과 '탄소'

인류는 처음에 호기심으로 불을 가지고 장난을 치기도 하면서 불에 접근하기를 반복하던 도중에 불의 실용성을 깨달았고, 일시적으로 불을 이용하는 정도에서 더 나아가 불을 계속해서 이용하는 기술을 발견했을 것입니다.

특히 화로의 발명을 통해서 불을 언제든지 이용할 수 있게 되었습니다. 또한 불을 다루는 기술이 발전함에 따라 나무를 태워서 목탄을 만드는 방법을 고안했습니다. 처음에는 지상에서 나무를 직접 태웠거나 혹은 흙 속의 구멍 안에서 탄화시켰을 것입니다.[060]

탄소^{C}라는 원소명은 근세에 이르러 붙여진 것이지만, 적어도 석기시대에는 목탄으로 알려져 있었다고 합니다.

목탄은 목재보다 연기가 적게 발생하고 연소 온도가 높으며, 요리를 만드는 연료로 사용할 수도 있고, 광석에서 금속을 추출하기 위해서도 사용되게 되었습니다. 광석에서 구리나 철을 추출하기 위해서는 목

060   그 후, 땅 위에 목재를 쌓고 그 위를 나뭇가지나 나무껍질, 마른 풀로 덮은 다음 바깥을 흙으로 덮고 나서 연기를 배출하는 곳을 만들어 탄화시키는 방법이나, 숯을 만드는 가마에서 탄화시키는 방법으로 발전했다.

탄이 반드시 필요했기 때문에, 청동기 문명과 철기 문명에서는 목탄은 빼놓을 수 없는 중요한 것이었습니다.

불에 잘 타지만 연료로는 사용할 수 없는 '황'

황^{S}은 화산 분출구에서 노란색 결정으로 산출되기 때문에 옛날부터 그 존재가 잘 알려져 있었습니다. 불을 붙이면 새파란 불꽃을 내뿜고, 불에 대단히 잘 타는 성질을 가지고 있지만 연료로 사용하기에는 적합하지 않았습니다.

'연료'로 사용하려면 발열량이 크고 연소 과정에서 만들어지는 물질이 공기 중에 퍼져나가더라도 문제가 없어야 한다는 조건을 만족시켜야 합니다. 이러한 조건에서 생각해 보면 황은 연소하는 과정에서 자극취를 발생시키는 유독한 이산화황(아황산가스)과 같은 물질이 발생하기 때문에 연료로 사용할 수 없습니다. 그러나 연소하는 과정에서 발생하는 유독한 이산화황을 이용해서 고대에는 황을 태운 연기를 훈연 소독에 활용했다고 합니다. 예를 들어, 로마 시대에는 황을 태울 때 발생하는 이산화황으로 와인 통을 훈연해 미생물 오염을 방지하기도 했고, 그 후에도 의약 및 화약에 사용하기도 했습니다.

19세기 중반까지 화약으로 사용된 흑색 화약은 초석(질산칼륨), 황, 목탄을 혼합한 것이었습니다. 황은 화학적으로 활성도가 높은 원소이며 금과 백금 이외의 금속과 반응해 황화물을 만들 수 있습니다. 황은 수은과 함께 연금술이 활발했던 시대에 중요하게 다뤄진 원소였습니다.[061]

---

061 연금술은 고대부터 17세기까지 약 2천년에 이르는 기간 동안 번성했으며, 납 등의 비금속을 금과 같은 귀금속으로 변환하려고 시도했다. 연금술에서는 '모든 금속은 황과 수은으로 만들어지며, 그 둘의 비율을 통해 금속의 성질이 결정된다.', '황과 수은을 완전한 비율로 조합하면 금을 만들어낼 수 있다'고 생각했다.

18

찬란한 광채로 인류를 매료하는 금과 은

흙이나 모래, 돌 안에 아름다운 금색 광채를 내뿜는 금을 발견한 고대인들은, 금의 무르고 부식되지 않는 특성을 활용해서 금을 장식품으로 가공하고 귀중하게 여겼습니다. 또한 은 역시 식기나 장식품으로 사용되었습니다.

고대부터 사용되어 온 7종류의 금속

자연계에 존재하는 금속 중에서 홑원소 물질로 산출되는 것은 주로 금^{Au}, 은^{Ag}, 수은^{Hg}, 구리^{Cu}, 백금^{Pt}(플래티넘) 이렇게 총 다섯 종류입니다.

'홑원소 물질로 산출'된다는 것은 예를 들어 금은 금색을 띠는 금속(자연금)으로, 은은 은색을 띠는 금속(자연은)으로, 구리는 구리색을 띠는 금속(자연 구리)으로 자연계에서 발견된다는 의미입니다. 고대인들은 이러한 금속들을 주워 모아서 두드리고 결합시켜 커다란 덩어리를 만들기도 하고, 펴기도 하고, 깎거나 가열해서 녹이는 방법으로 가공했습니다.

자연 구리를 다 사용한 후에는 공작석이나 남동석과 같은 구리 광석에서 구리를 추출했습니다. 또한 주석 광석이라고 불리는 주석^{Sn}의 광석, 방연광이라고 하는 납^{Pb}의 광석 그리고 사철이나 철광석에서 금속을 추출했는데, 불을 다루는 기술과 목탄을 활용해서 그렇게 할 수 있었습니다.

이렇게 고대에는 금, 은, 수은, 구리, 납, 주석, 철^{Fe} 이렇게 일곱 종류의 금속이 잘 알려져 있었습니다. 그리고 백금은 고대에는 잘 알려져 있지 않았고, 18세기가 되어서 발견되었습니다.[062]

---

062   백금은 금 이상으로 희귀한 금속이며, 역사가 시작된 이후로 약 4천5백 톤 밖에 생산되지 않았다.

이온화 경향

고등학교 화학 시간에 '이온화 경향'에 대해 배웁니다. 금속의 홑원소 물질은 물이나 수용액에 접촉하면 상대에게 전자를 전달하며, 자신은 양이온이 되려는 성질을 가지고 있습니다. 이 성질을 순서대로 나타낸 것을 금속의 이온화 경향이라고 합니다. 주요 금속의 이온화 경향을 순서대로 나타내면(이온화 서열)[063] 다음과 같습니다.

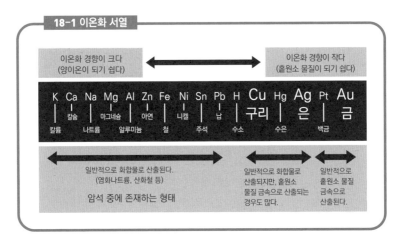

18-1 이온화 서열

이온화 경향이 크다
(양이온이 되기 쉽다)

이온화 경향이 작다
(홑원소 물질이 되기 쉽다)

K Ca Na Mg Al Zn Fe Ni Sn Pb H Cu Hg Ag Pt Au
칼슘 마그네슘 아연 니켈 납 구리 은 금
칼륨 나트륨 알루미늄 철 주석 수소 수은 백금

일반적으로 화합물로 산출된다.
(염화나트륨, 산화철 등)
암석 중에 존재하는 형태

일반적으로 화합물로 산출되지만, 홑원소 물질 금속으로 산출되는 경우도 많다.

일반적으로 홑원소 물질 금속으로 산출된다.

수소는 금속이 아니지만 양이온이 되기 때문에 비교를 위해 이온화 서열에 포함시켰습니다. 위의 이온화 서열에서 왼쪽에 있는 원자일수록 양이온이 되기 쉽습니다. 다시 말해, 전자를 잃기 쉬운(상대에게 전자를 전해 주기 쉬운) 것입니다. 이온화 서열은 금속 원자가 전자를 잃어버리기 쉬운 정도를 나열한 순서이기도 하고, 금속의 화학적인 활성도가 높은 순서대로 나타낸 것이기도 합니다. 고대에 잘 알려졌던 금속은 이온화 경향이 비교적 작거나, 또는 대단히 작은 금속들인 것입니다.

063 '06·원소의 8할 이상은 금속이다' 참조.

금속은 이온이 되면 양이온으로 변합니다. 양이온은 음이온과 결합해서 화합물이 됩니다. 다시 말해 이온화 경향이 작으면 홑원소 물질로 존재하기 쉽고, 화합물이라 하더라도 홑원소 물질로 만들기 쉽습니다. 이온화 경향이 대단히 작은 백금과 금은 금속 상태로 존재합니다. 또한 이온화 경향이 작은 구리, 수은, 은의 경우에는 자연계에서 금속 상태로 존재하는 것도 있고 화합물 상태로 존재하는 것도 있습니다.

금 산출량은 올림픽 공식 수영 경기장 네 개 분량

금을 영어로 gold라고 하는데, 이 단어의 어원은 인도·유럽어로 '빛나다'를 의미하는 'ghel'입니다. 원소 기호 Au는 라틴어 aurum(찬란하게 빛을 내는 것)에서 유래했습니다. 금은 문자 그대로 금색으로 빛나는 광택을 가진 금속으로, 인류가 가장 오래전부터 사용해 온 금속 중 하나입니다.[064]

그렇기는 하지만, 역사가 시작된 이후 2019년까지 인류가 손에 넣은 금의 양은 올림픽 공식 수영 경기장 네 개에 해당하는 약 이십만 톤 정도밖에 안됩니다. 2019년도에 전 세계의 광산에서 금을 산출한 양은 총 3,300톤으로, 2018년도 산출량 3,260톤에서 40톤이 증가했습니다. 지구상에 남아있는 금의 총량은 대략 5만 톤 전후라고 추측됩니다. 앞으로 채굴할 수 있는 금이 감소할 것이라는 것을 생각해 보면 희소성은 더욱 높아질 것입니다.

---

[064] 예를 들어 '구약성서' '창세기'의 에덴동산의 기록에 이 내용이 기재되어 있는 것 외에도, 기원전 3000년대경에 메소포타미아에서 도시 문명을 최초로 탄생시킨 수메르인들은 금으로 훌륭한 투구를 만들었다고 한다. 또한 이집트의 고대 유적과 기원전 3000년부터 1200년경까지 번성한 에게 문명 역시 많은 금제품들을 남겼다.

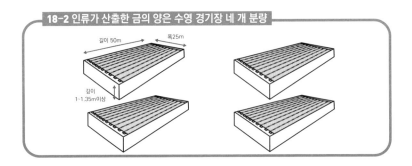

18-2 인류가 산출한 금의 양은 수영 경기장 네 개 분량

길이 50m
폭 25m
깊이 1~1.35m이상

고대에는 은의 가치가 더 높았다

은은 옛날부터 잘 사용된 금속으로, '구약성서'에도 은을 거래했다는 언급이 있습니다. 은으로 보석 장식품을 만들거나 식기를 만들기도 하고 은화를 만드는 데도 사용했습니다.

은은 자연은 상태로도 산출되지만, 자연 금보다는 양이 적고 광석에서 추출해야 했는데, 고대에는 이 방법이 발달하지 않았습니다. 따라서 금과 비교했을 때 활용되는 정도가 대단히 느렸고, 금보다 희소성이 있었습니다. 기원전 3600년경 이집트의 법률에 따르면 금과 은의 가치 비율은 1 대 2.5였다고 합니다.[065]

그 후, 광석에서 은을 추출하는 기술이 향상됨에 따라 은 광석에서 은을 생산하는 양이 증가해 은의 가치가 금보다 낮아졌습니다. 은의 가치가 낮아진 결정적인 이유는 6세기에 신대륙에서 은이 대량으로 산출되었기 때문입니다. 1545년에 안데스 고원(남아메리카 볼리비아)에서 발견된 포토시 은광으로 인해 스페인 제국의 경제가 윤택해졌고, 은화가 전 세계에 유통되었다고 합니다.

---

065 고대의 은은 납과 함께 1퍼센트 미만의 은이 포함되어 있는 방연광이라고 하는 광석에서 추출해냈습니다. 기원전 3000년경의 이집트, 메소포타미아 유적 등지에서도 납과 함께 발견되었는데, 금과 비교했을 때 은제품의 개수가 훨씬 적었습니다.

19

연금술과 독성에 농락당한 수은과 금

수은은 융점이 마이너스 38.87℃로 낮은 편이기 때문에, 금속 중에서 유일하게 상온에서 액체 상태로 존재합니다. 다양한 금속을 녹여서 섞으면 아말감을 만들 수 있습니다. 한편, 납도 무르기 때문에 가공하기가 쉽습니다. 그러나 이 둘 모두 독성을 띠고 있다는 문제가 있습니다.

상온에서 액체가 되는 금속은 수은이 유일

금속 중에서 상온에서 액체 상태로 존재하는 금속은 유일하게 수은^{Hg} 밖에 없습니다.[066] 자연 수은은 액체 상태로 산출되며, 고대부터 잘 알려진 금속입니다. 표면장력이 강하기 때문에 쏟아지면 잎 위의 물방울처럼 둥글둥글한 모양이 됩니다.

수은은 많은 금속과 결합해 아말감을 생성합니다. 아말감은 그리스어 '부드러운 물질'에서 유래했으며, 금^{Au}, 은^{Ag}, 동^{Cu}, 아연^{Zn}, 납^{Pb} 등 다양한 금속을 녹인 것과 결합해 만들어지는 부드러운 페이스트 형태의 합금입니다. 가열하면 수은만 기화하는 아말감의 성질을 이용해서 금속 정련이나 금 도금에 사용되기도 했습니다. 이 방법은 고대부터 19세기까지 사용되었습니다.

또한 수금과 황의 화합물인 진사(주사/성분은 황화수은이다)는 선명한 주홍색을 띠는 것이 특징이며, 옛날부터 중국이나 인도에서 안료로 폭넓게 사용되었습니다. 가장 오래된 것은 기원전 1500년경의 이집트 무덤에서 발견되었고, 일본의 다카마쓰 고분 벽화에도 사용되었습니다.

---

066 수은의 원소 기호 Hg는 라틴어 hydrargyrum(물 같은 은)의 약자이다.

19-1 불상을 도금하는 방법

금 + 수은 → 금 아말감
(금과 수은의 액체 합금)

수은을 증발시킨다

금 도금이
완성되었다

① 금을 수은에 녹인
   아말감을 불상에 도포한다

② 숯불로 수은을 증발시킨다

'도다이지 대불기'에 따르면 수은을 약 50톤, 금을 약 90톤 사용했다고 한다.

연금술에 사용되다

기원전에서 기원후로 바뀐 직후 즈음에 알렉산드리아, 라틴아메리카, 중국, 인도에서 시작된 연금술은 비금속에서 금을 만들어내는 방법이나 불로불사의 영약을 만드는 것을 연구했습니다(중국에서는 이것을 '연단술'이라고 불렀습니다). 진사와 같은 수은 화합물은 독성이 있는데도[067] 불구하고 불로불사의 영약으로 사용되어 중국에서는 기원전 246년에 즉위한 진나라의 시황제가, 일본에서는 아스카시대의 지토 천황이 수은 화합물을 즐겨 마셨다고 합니다.

은색으로 빛나며 다채롭게 변화하는 수은은 고대의 원소설(元素說)에

---

067 수은은 크게 나누면 금속 수은, 무기 수은, 유기 수은으로 분류된다. 특히 주의해야 할 것은 금속 수은과 유기 수은인데 기화하기 쉬운 금속 수은은 수은 증기를 흡입하여 중추신경장애 및 신장 기능 장애를 일으킨다. 유기 수은 중 하나인 메틸수은은 미나마타병의 원인이 되는 물질이다. '26·공해로 사람들을 위험에 빠뜨린 맹독 유기수은' 참조.

서 중요한 요소인 '물'이라고 여겨졌을 것입니다. 또 다른 고대 원소설에서 중요한 요소인 '불'이라고 여겨진 황과 함께 수은은 연금술의 중심 물질이 되었습니다.

고대부터 귀하게 여겨졌지만 독성을 가지고 있는 납

납은 '융점이 낮고(327.5℃) 무르기 때문에 가공하기 쉽다' '정련이 쉬워서 가격이 저렴하다' '금방 녹이 슬어 표면에 치밀한 산화피막을 형성하기 때문에 부식이 내부로 쉽게 침투하지 않는다' '물속에서도 쉽게 부식되지 않는다'는 것과 같은 뛰어난 특성을 가지고 있습니다.

납의 광석인 방연광은 불속에 던져두기만 하면 납을 얻을 수 있었기 때문에 약 5000년 전의 것으로 추정되는 납 주조품이 발견되기도 했고, 로마 유적에서는 납으로 만든 수도관이 지금도 사용할 수 있는 형태로 발견되는 등 오랜 옛날부터 인류의 생활과 밀접한 관련이 있었습니다.

더 나아가 의약품과 안료로 노란빛이 도는 엷은 갈색의 밀타승(일산화납), 붉은색의 연단(사산화삼납), 흰색의 연백(염기성 탄산납) 등의 납 화합물이 그리스 로마시대부터 사용되었습니다. 그 시대에는 연백이 화장용 분가루의 원료로 사용되었습니다. 일본 에도시대에 인기 있는 가부키 연기자들은 젊은 나이에 죽는 사람이 많았다고 합니다. 이는 분가루를 많이 발랐던 것(납 중독)의 영향이라는 설이 있습니다.

이외에도 납은 땜납(납과 주석의 합금), 납축전지, 총탄 및 산탄, 낚시 추, 수도관, 엑스레이용 차폐 재료 등으로도 활용되었습니다. 그러나 지금은 인체에 독성이 있고, 환경오염 문제가 대두되어 사용을 피하는 경향이 있습니다.

덧붙여, 연필(鉛筆)은 '납(鉛)으로 만든 붓(筆)'이라는 이름이지만 실제로는 납 성분은 포함되어 있지 않습니다.[068] 연필심에는 탄소^{C}의 동소체 중 하나인 흑연이 사용되며, 흑연과 점토를 섞고 구워서 만듭니다.

068 원래는 납과 주석 합금이 심으로 사용되었기 때문에 연필이라는 이름이 붙었다(은색 심이었기 때문에 은필(銀筆)이라고도 불렀다). 그러나 가격이 비싸고 재질이 단단했기 때문에 흑연으로 바뀌게 되었다. 14세기에 미켈란젤로가 그린 스케치는 은필로 그려졌다. 그리고 실제로 은을 사용해서 만든 은필도 존재했다.

20

문명의 발달과 함께한 구리와 주석

고대사회에서 가장 먼저 사용된 것은 자연 금과 자연 구리였습니다. 인류가 사용한 도구는 석기에서 동기(구리)로, 그다음으로는 청동기로 바뀌어 갔으며 특히 청동기 시대는 국가의 형성 및 문자의 발명과도 관련이 있습니다.

세 개로 나눠진 문명사

덴마크의 고고학자 톰센은 인류의 문명사를 크게 '석기 시대'[069], '청동기 시대', '철기 시대' 이렇게 세 가지로 나누었습니다.

이 분류 방법은 코펜하겐 왕립 박물관의 관장이었던 톰센이 박물관 소장품을 이기(편리한 기구), 특히 날붙이의 재질이 어떻게 변화했는지를 기준으로 해서 분류한 후, 돌·청동·철[Fe] 이렇게 세 가지로 분류해서 전시한 것에서 시작되었습니다. 다시 말해 청동[070]을 실용적이고 편리한 기구로 사용한 시대가 청동기시대인 것입니다. 청동기시대는 기원전 3000년부터 기원전 2000년경에 메소포타미아에서 시작했으며 중국의 은·주 시대가 이에 해당합니다.

20-1 문명의 구분

석기 시대 　 청동기 시대 　 철기 시대

069　구석기 시대, 신석기 시대로 나누는 경우도 있다.

070　청동은 구리 90퍼센트와 주석 10퍼센트로 구성된 합금이다. 혼합 비율에 따라 경도나 색이 달라진다.

다만 이 시대 분류와 동일하게 변천하지 않은 사례도 있습니다. 예를 들어, 이집트에서는 주석을 입수할 수 없었기 때문에 기원전 2000년경 제12왕조까지 청동기를 거의 만들지 못했고, 일본에서는 야요이 시대에 대륙에서 청동기와 철기가 동시에 들어왔기 때문에 청동기시대가 존재하지 않습니다.

금속기의 시초가 된 동기

구리^{Cu}는 붉은빛을 띤 무른 금속입니다. 구리는 천연에서도 자연 구리로 산출되고, 공작석이나 남동석과 같은 구리 광석에서도 비교적 간단하게 추출할 수 있기 때문에 아주 예전부터 이용되었습니다.

옛날에 구리가 이용된 사례로는 이라크에서 기원전 9500년경에 구리로 만든 펜던트가 출토되었고, 이집트, 바빌로니아, 아시리아 유적에서 6,000년 전의 물품이 발굴되어 석기시대 이후 소위 말하는 동기 시대를 이룩했습니다. 이윽고 고대 중국의 은 왕조와 지중해의 미케네 문명, 미노아 문명 및 중동 지역과 같은 곳들에서 청동기가 널리 제조되고 사용되면서 청동기 시대가 도래했습니다.

구리는 단독으로 사용하면 무르지만 주석^{Sn}과 합금하면 구리보다 단단하면서 튼튼해지기 때문에, 청동은 농업용 괭이, 가래, 무기용 칼과 창을 만드는 재료로 사용되었습니다.

다만 구리나 청동은 산출량이 한정적이어서 값이 비쌌습니다. 그래서 일반적으로 상급 계층의 무기나 장식품에만 사용이 한정되었고, 권위의 상징이기도 했습니다.[071]

---

[071]　이집트 제18왕조의 벽화에서 청동 검을 소유한 것은 지휘관(귀족)뿐이고, 병사들은 활과 화살, 목제 창과 곤봉으로 무장하고 있다.

농기구나 무기는 철기로 바뀌게 되었지만 그 후에도 구리는 청동과 함께 교회의 종이나 장식품, 더 나아가 화약이 발명됨에 따라 대포의 재료로도 사용되었고, 산업 혁명 시기에는 철과 마찬가지로 기계를 만드는 재료로 계속 사용되었습니다.

그리고 19세기 말부터 전력 이용이 발달됨에 따라 전선을 시작으로 하는 전기 재료로서의 수요가 증가했습니다. 지금도 구리는 철, 알루미늄[Al] 다음으로 사용량이 세 번째로 많은 금속입니다.

1엔 동전을 제외한 모든 동전은 구리 합금

동전은 일반적으로 여러 가지 금속을 혼합해서 만드는 합금으로 제작합니다. 그러나 1엔 동전은 합금이 아니라 알루미늄만 사용해서 만들기 때문에 이색적입니다.

알루미늄은 가볍고 무른 금속이며, 알루미늄 포일처럼 가정용품으로 사용되거나 창틀(새시)과 같은 건축 재료로도 폭넓게 사용됩니다. 이런 용도로 사용할 수 있는 이유는 산화피막으로 내부가 보호되기 때문입니다.[072]

한편 1엔 동전 이외의 5엔부터 500엔 동전까지는 모두 구리 합금으로 만들어졌습니다. 구리는 붉은색을 띠고 있는데, 다른 금속과 혼합해서 합금을 만들면 성분이나 비율에 따라 붉은색, 금색, 은색 등 다양한 색상으로 바뀝니다. 5엔 동전부터 500엔 동전까지 다섯 종류의 동전 모두 구리가 가장 많이 포함되어 있습니다. 그런데 겉보기에는 각 동

---

072 알루미늄은 이온이 되기 쉬운(부식하기 쉬운) 성질이 있지만 공기 중에서 표면이 산화되어 산화알루미늄의 촘촘한 막을 생성하고, 이 막이 내부를 보호하기 때문에 더 이상 쉽게 산화되지 않는다.

알루미늄 동전

알루미늄 100%
(무게 1그램)

황동 동전

구리 60~70%
아연 30~40%
(무게 3.75그램)

청동 동전

구리 95%
아연 3~4%
주석 1~2%
(무게 4.5그램)

백동 동전

구리 75%
니켈 25%
(무게 4그램)

백동 동전

구리 75%
니켈 25%
(무게 4.8그램)

니켈 황동 동전

구리 75%
아연 12.5%
니켈 12.5%
(무게 7.1그램)

전의 색상이 많이 다릅니다. 각 동전에 어느 성분이 어느 정도의 비율로 포함되어 있는지 오른쪽 그림을 참조해 보시기 바랍니다.

합금이나 도금에 사용되다

주석은 녹는점이 비교적 낮고(232℃) 무른 금속이며, 녹이 잘 슬지 않고 적당한 경도가 있어서 가공하기 쉽다는 특징이 있습니다. 주석 광석(성분:이산화주석)에서 목탄을 사용해 추출할 수 있습니다.

옛날부터 주석 단독으로 식기에 사용하거나 청동이나 땜납(납과의 합금)과 합금을 하기도 하고 도금[073]에도 사용되었으며, 지금도 폭넓게 사용되고 있습니다.

073 　주석은 철보다 덜 부식되기 때문에 통조림이나 차를 담는 캔과 같이 강(강철) 내부의 표면에 주석을 도금한 양철을 사용하고 있다.

21

풍요로운 현대 사회를 이룩한 철

철은 건축 재료부터 생활용품에 이르기까지 가장 광범위하게 활용되고 있는 금속입니다. 특히 탄소 함유율이 0.04~1.7퍼센트인 철을 강(강철)이라고 하며, 철골이나 레일과 같은 곳에 사용합니다.

지금도 계속되고 있는 '철기 시대'

제철 재료가 되는 광석을 '철광석'이라고 합니다.[074]

철광석은 세계 각지에서 풍부하게 생산되기 때문에, 철광석에서 추출한 철^{Fe}은 가장 많이 이용되고 있는 금속입니다.

현대 사회는 철기 시대의 연장선상에 있으며 강철을 중심으로 한 철기 시대입니다. 철과 탄소^{C}가 합해진 강철은 돌이나 청동보다 단단하고 강해서 다양한 도구나 무기, 건축 재료에 사용되고 있습니다.[075]

철이 다양한 용도로 사용될 수 있는 이유 중 하나는 다른 금속(니켈, 크로뮴, 망가니즈 등)의 뛰어난 성질을 지닌 여러 종류의 합금을 만들 수 있기 때문입니다. 인류는 철 합금을 이용해서 철이 가진 약점을 보강하고, 철을 활용한 새로운 용도를 발견해 나간 것입니다.

예를 들어 철에 크로뮴^{Cr} 18퍼센트, 니켈^{Ni} 8퍼센트를 혼합한 18-8 스테인리스 스틸 합금은 녹이 잘 슬지 않으며 반짝거리는 은백색 표면을 가지고 있어서 다양한 용도의 재료로 사용되고 있습니다(우리 주변의 사례로는 냄비나 식기류 등의 주방 용품에서 많이 볼 수 있습니다).

---

074 구체적으로는 적철광이나 자철광, 사철 등이 있으며 성분은 산화철이다.

075 강철은 극미량의 탄소를 포함한 철 합금이다. 강이라고도 한다. '56·다양한 종류의 강철을 만드는 오대 원소' 참조.

철광석에서 추출한 최초의 철은 아마도 철광석이 노출된 장소에서 모닥불을 피운 흔적 또는 철광석에 혼합된 철광석에서 우연히 발견했을 것입니다.

철광석은 어디에서든 손에 넣을 수 있었기 때문에 제조법만 습득할 수 있다면 철을 저렴하게 대량으로 생산할 수 있었습니다. 철기는 석기나 청동기보다 뛰어나 농업, 공업, 전쟁 무기에 사용되기 시작했습니다. 예를 들어 철로 만든 도끼를 가지고 나무를 베면서 삼림을 개척해 나가거나, 철로 만든 괭이를 가지고 지면이 단단한 흙을 쉽게 경작할 수 있게 되었습니다.

철을 제조하는 기술은 기원전 수천 년 시기부터

제철 기술로 번성한 곳으로 잘 알려진 고대 나라는 기원전 2천 년 경에 등장한 히타이트 제국[076]입니다. 히타이트 제국은 처음으로 철제 무기와 말이 끄는 철제 전차를 만들어, 인근의 강대국인 이집트와도 세력을 다투었습니다. 기원전 12세기에 제국이 멸망하면서 기술이 널리 퍼져나갔으며, 그렇게 해서 철기 시대가 시작되었다고 알려져 있습니다.

그러나 그 후에 행해진 조사에서 히타이트인들이 아나톨리아 지역에 이주한 때로부터 천 년도 더 이전의 지층에서 철광석에서 추출한 것처럼 보이는 철 덩어리가 발견되었습니다. 이 사실을 통해 제철 기술을 개발한 것은 히타이트인이 아니라, 히타이트인에게 정복된 아나톨리아 지역의 원주민이었을 가능성이 높아졌습니다.

---

[076] 아나톨리아(지금의 터키) 지역에 고도 문명을 발달시킨 고대 민족으로, 제국의 수도 '하투샤'의 흔적이 1986년에 세계 유산에 등재되었다.

지금까지 추측해왔던 것보다도 더 이전에 히타이트가 아닌 다른 민족이 제철 기술을 전파했을 가능성이 등장한 것입니다.

일본의 풀무 제철

미야자키 하야오 감독의 애니메이션 '원령 공주'에서는 여성들이 발판을 힘차게 밟는 장면이 나옵니다. 발판을 밟아서 풀무(골풀무)에서 철을 만드는 화로에 공기를 불어넣는 것입니다. 발판을 밟는 것은 어마어마한 중노동이기 때문에 실제로는 여성들이 밟지 않았다고 하지만, 애니메이션의 장면은 일본에서 옛날부터 전해져 내려온 '풀무 제철' 장면을 묘사한 것입니다.

제철로의 유적을 조사해 보면 일본에서는 고분 시대부터 제철이 시작되었던 것 같습니다. 고대의 풀무 화로는 지면을 깊이 판 후, 사철과 목탄을 깔아둔 간단한 형태였습니다. 바람을 불어넣는 방법은 손으로 누르는 방식에서 '원령 공주'의 장면과 같은 발로 밟는 방식으로 개량되었습니다.

시간이 흐름에 따라 풀무 화로의 형태가 점점 커지기 시작했는데, 깊은 지하에 구조물을 만들고 그 위에 점토로 상자 모양의 화로를 만들었습니다. 풀무 화로를 사용한 제철은 풀무에 한 번 불을 넣기 시작하면 3일 간 쉬지 않고 작업을 계속해야 하는 굉장히 힘든 일이었습니다. 또한 사철과 같은 양의 목탄을 사용해야 했으며, 그렇게 작업을 해서 원료인 철의 겨우 30퍼센트 정도의 강철밖에 얻을 수 없었습니다.

이윽고 풀무 제철은 메이지 시대 후반에 용광로(고온로)를 사용한 서양식 제철법에 완전히 밀려나게 되었고 다이쇼 시대 말기에는 자취를

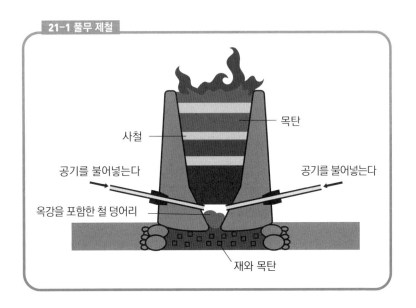

목탄

사철

공기를 불어넣는다

공기를 불어넣는다

옥강을 포함한 철 덩어리

재와 목탄

감추었습니다. 그러나 최근 들어, 전통 기술을 보존하기 위해 풀무 제철법을 일본 각지에서 재현하고 있습니다.[077]

근대의 제철

일본의 근대 제철은 1901년에 관영 하치만 제철소[078]가 창설되면서 시작되었습니다. 근대 제철은 거대한 용광로(고온로)에서 철광석, 코크스(석탄을 가열하면 만들어지는 탄소 덩어리), 석회석을 혼합하고, 여기에 아래쪽에서 뜨거운 바람을 불어넣어 코크스를 연소시킵니다. 고온로는 대단히 큰데, 높이 30층짜리 건물과 비슷할 정도의

077 예를 들어, 일본도를 제작하는 데 사용하는 옥강(사철 제련법으로 만든 양질의 강철)은 풀무 제철 방법이 적합하기 때문에 일본 도검 미술 보존 협회에서 시마네현에 풀무로를 건설해 조업하고 있다.

078 제2차 세계대전 전에는 일본의 철강 생산량의 절반을 제조하던 일본 국내의 유일한 제철소였다. 지금은 일본 제철의 제철소로 통합되었다.

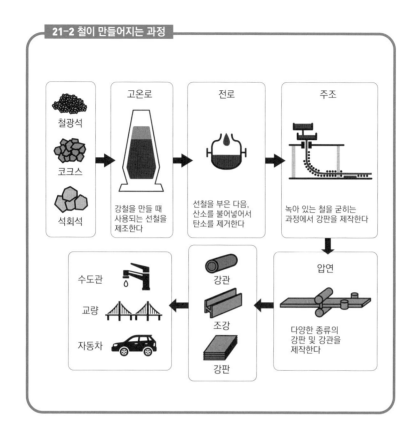

크기입니다.

이때 만들어지는 일산화탄소가 철광석에서 산소⁰를 빼앗으면서 철이 만들어집니다. 이렇게 만들어진 철은 선철이라고 하며, 탄소를 많이 포함하고 있습니다(4~5퍼센트). 고온로에서 추출한 선철은 무르기 때문에 이것을 전로(轉爐)⁰⁷⁹에 옮긴 후, 산소를 불어넣어 연소시켜서 탄소의 양을 줄이면 탄소 함유량이 조절되어 강철이 만들어집니다. 강철은 탄소 함유량이 낮고(0.04~1.7퍼센트), 단단하기 때문에 다양한 물체의 재료로

079 회전 및 전도가 가능한 용광로의 한 종류.

사용됩니다.

　지금은 알루미늄^{Al}이나 타이타늄^{Ti}처럼 새로운 금속들도 많이 사용되고 있지만, 가장 주요한 금속 재료는 여전히 철이며, 우리는 '철기시대', '철기문명'의 한가운데에 있다고 할 수 있습니다.

Chapter
04

'사고 및 사건'에서
발견하는 원소

22

가정에서 독가스가 발생할 수 있을까요? '염소 가스'

염소는 공기 중에 겨우 0.003퍼센트∼0.006퍼센트만 존재해도 코나 목 점막을 손상시킬 수 있고, 그 이상의 농도가 되면 최악의 경우 사망에 이를 수 있습니다. 그렇기 때문에 독가스 병기에 사용되었습니다.

제1차 세계대전에서 사용된 독가스 병기

1915년 4월 22일, 벨기에에서 프랑스 군대와 대치한 독일군은 독가스 병기인 '염소 가스'를 사용했습니다.[080]

염소 가스는 공기보다 무겁기 때문에 바람을 타고 지면을 따라 이동해, 참호 안에 있는 많은 프랑스 군인들을 덮쳤습니다. 이것이 역사상 최초로 본격적으로 독가스를 전쟁에 사용한 '제2차 이프르 전쟁'이며, 백칠십 톤의 염소 가스를 방출해서 프랑스 군인 약 오천 명이 사망하고 일만 사천 명이 중독되었습니다.

이윽고 방독 마스크를 사용하는 것과 같은 대책이 마련되자, 염소 가스보다 독성이 열 배나 강한 질식성 포스겐, 색깔이 없고 접촉하기만 해도 피부에 화상을 입히며 극심한 폐기종과 간장 질환을 일으키는 머스터드 가스(이페리트)가 개발되었습니다.

독가스 병기(화학 병기)는 오늘날에는 어느 정도의 화학 공업 기술이 있는 나라라면 어디에서든 만들 수 있기 때문에 '가난한 자의 핵무기'라고도 불립니다. 지금은 화학 병기 금지 조약[081]이 발효(1997년)되었고,

---

080   같은 해 9월에는 영국군이 염소 가스를 사용했다. 이듬해인 1916년 2월에는 프랑스 군대도 염소 가스로 보복했다. 세계 각국이 독가스 제조에 깊이 빠진 것이었다.

081   정식 명칭은 '화학 병기 개발, 생산, 저장 및 사용 금지 그리고 폐기에 관한 조약'이다.

일본에서도 1995년에 그 조약에 동의했습니다.

염소 가스가 발생하기 때문에 '혼합 금지'

요즘 많은 가정용 세제나 표백제에 '혼합 금지'라는 문구가 붙어 있는 것을 볼 수 있습니다. 이 문구를 붙이게 된 것은 염소 가스 발생으로 인한 사고가 계기가 되었습니다.

1987년 12월에 일본 도쿠시마현의 한 주부가 화장실에서 산성 세제(염산 함유)를 가지고 청소를 하고 있었습니다.[082] 그런데 화장실의 오염을 더 깨끗하게 제거하려고 여기에 염소계 표백제(하이포 염소산나트륨 함유)를 사용하자 염소 가스가 발생했습니다. 좁은 화장실이었기 때문에 염소 농도가 급격히 상승했고, 급성 중독으로 사망에 이르렀습니다.

이 사고를 바탕으로 일본의 가정용품 품질 표시법에서는 1988년부

22-1 혼합 금지 경고

염소계 + 산성 종류 → 유독 가스가 발생하므로 위험합니다

염소계 표백제
곰팡이 제거제
배수 파이프용 세정제 등

화장실용 세정제(염산)
구연산
아세트산

---

082 수세식 변기의 오염은 주로 배설물에 함유된 요산, 인산, 부패 단백질 등이 세정수 내부의 칼슘 이온과 결합해 요산 칼슘 및 인산칼슘처럼 물에 잘 녹지 않는 물질이 되어 달라붙는 것이다. 이러한 오염은 산과 반응하면 물에 녹기 쉬운 물질로 변한다.

터 '혼합 금지' 문구를 부착하는 것이 의무화되었습니다. 그러나 그 후에도 비슷한 사고가 계속 이어지고 있습니다.

하이포 염소산나트륨을 포함하고 있는 표백제, 곰팡이 제거제, 세제

하이포 염소산나트륨은 염소계 표백제의 대표 성분이며 표백 및 살균 작용을 합니다. 염소계는 가장 일반적인 표백제로, 표백력이나 살균력이 강한 대신에 염색한 의류나 무늬가 있는 의류, 모피나 비단에는 사용할 수 없습니다.[083] 살균력이 강하기 때문에 곰팡이 제거제에도 사용됩니다. 또한 배수 파이프 내부의 U자형 부위나 목욕탕의 배수구에 머리카락이 가득 찼을 때 사용하는 파이프 세정제에도 역시 계면활성제와 수산화나트륨이 들어간 하이포 염소산나트륨을 사용합니다.

이 하이포 염소산나트륨을 함유하고 있는 세제에 염산이나 구연산과 같은 산 종류가 결합되면 염소 가스가 발생합니다. 염소 가스나 하

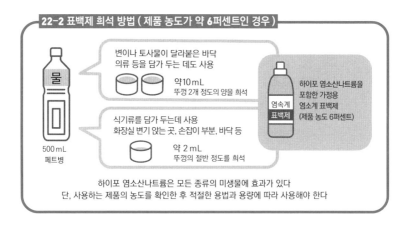

22-2 표백제 희석 방법 (제품 농도가 약 6퍼센트인 경우)

물

500 mL
페트병

변이나 토사물이 달라붙은 바닥
의류 등을 담가 두는 데도 사용

약 10 mL
뚜껑 2개 정도의 양을 희석

식기류를 담가 두는데 사용
화장실 변기 앉는 곳, 손잡이 부분, 바닥 등

약 2 mL
뚜껑의 절반 정도를 희석

하이포 염소산나트륨을
포함한 가정용
염소계 표백제
(제품 농도 6퍼센트)

염속계
표백제

하이포 염소산나트륨은 모든 종류의 미생물에 효과가 있다
단, 사용하는 제품의 농도를 확인한 후 적절한 용법과 용량에 따라 사용해야 한다

083 염소계 표백제보다 순한 산소계 표백제(과탄산 나트륨) 라면 염색한 의류나 무늬가 있는 의류에 사용할 수 있지만, 모피나 비단에는 사용할 수 없다.

이포 염소산나트륨은 살균 작용을 하기 때문에 수돗물이나 수영장 물을 소독하는데도 사용하는데, 그 정도의 농도로 사용하면 건강상의 문제를 일으키지 않습니다.

그 밖의 경우에도 사용되는 염소 화합물

식용 소금의 주 성분인 염화나트륨, 염산(염화수소)은 염소^{Cl}의 대표적인 화합물입니다. 인체의 위에서 분비되는 위산은 염산이며 소화와 살균 작용을 합니다.

플라스틱의 폴리염화비닐(염화비닐)도 염소 화합물입니다. 폴리염화비닐처럼 염소를 포함한 플라스틱을 소각하면 연소 조건에 따라 다이옥신이라는 독성이 발생할 수 있습니다.

다이옥신에는 급성 독성과 만성 독성이 있습니다. 급성 독성은 다이옥신을 섭취한 후 비교적 빠르게(며칠 이내에) 영향이 나타나는 독성이지만 일상생활에서는 걱정할 필요가 거의 없습니다.[084] 가장 좋지 않은 경우는 조금씩 지속적으로 섭취했을 때, 몇 년이 지나서야 증상이 나타나는 만성 독성입니다. 다이옥신 중에서 가장 독성이 높은 것(TCDD)은 생쥐, 쥐 및 햄스터를 사용한 모든 만성 독성 실험에서 발암 가능성이 있다고 보고되었습니다. 그리고 사람에게도 암을 유발한다고 합니다.

그 외에도 탄소^{C}와 플루오린^F 그리고 염소 화합물인 프레온이 있습

---

084   다이옥신을 섭취해서 발생하는 급성 독성은 모든 동물에게 공통적으로 체중 감소, 흉선 위축, 비장 위축, 간장 장애, 조혈 장애 등을 일으킨다. 사람이나 원숭이의 경우 염소 여드름(클로로 아크네), 부종(수종) 및 눈 부위의 지루 현상을 일으킨다.

니다. 프레온은 불연성으로, 화학적으로 안정되어 있으며 액화하기 쉬워서 냉장고의 냉매나 발포제, 반도체의 세정제, 스프레이 분사제 등에 사용됩니다. 그러나 오존층을 파괴하는 원인이라는 것이 밝혀져 국제적으로 사용 금지 조치가 내려졌습니다.

23

'사린'의 원료는 무엇일까요? '유기인 화합물'

1995년 3월 20일 오전 8시경에 신흥 종교인 옴진리교가 유기인 화합물을 사용한 화학 테러 '지하철 사린 사건'을 일으켰습니다. 살충제에도 사용되는 유기인 화합물이 무엇인 지 살펴보도록 합시다.

유기인 화합물이란

탄소^{C}를 주 골격으로 하는 분자(유기 화합물) 중에서 인P을 포함한 화합물을 '유기인 화합물'이라고 합니다. DNA를 만드는 핵산이나 세포막을 구성하는 인지질 등 생물의 몸을 구성하는 데 있어서 필요한 요소가 많이 존재하는 한편, 강한 독성을 지닌 것도 있다고 알려져 있습니다.

유기인 화합물은 제2차 세계대전 중 독일 군이 독가스로 사용하기 위해 연구한 물질입니다. '사린'과 그 밖에 비슷한 것으로 '타분', '소만' 등이 있습니다. 이러한 독가스는 세계 대전 중에는 실제로 사용되지 않았지만, 1983년 이란-이라크 전쟁에는 이라크 측이 사용했습니다. 전쟁에서도 잘 사용되지 않은 이 독가스가 사용된 일본의 지하철 사린 테러[085]는 정말로 비정상적인 사건이었다고 할 수 있습니다.

유기인 계통의 독가스는 '신경에 작용하는 독'이라고 불리며, 이 독을 섭취하면 신경 작용에 중요한 역할을 하는 아세틸콜린이라는 물질이 과잉 상태가 되어 생명체에게 다양한 부조화 상태를 일으킵니다.

---

085 아사하라 쇼코를 교주로 추대한 일본의 신흥 종교 단체 '옴진리교'가 일으킨 무차별 테러 사건. 사망자 14명, 부상자 6,300명에 달하는 일본 역사상 최악의 대규모 살인 사건이다.

'사고 및 사건'에서 발견하는 원소

사린에 중독되면 동공 축소, 눈 통증, 호흡 곤란, 구토, 두통과 같은 증상이 발생하며 소량만 중독되어도 치사량에 달합니다.

가정용 살충제에도 사용되고 있는 유기인 화합물

사린과 화학적으로 비슷한 살충제는 우리 주변에서도 찾아볼 수 있습니다. 살충제의 원리는 인체에 미치는 독성의 원리와 같으며, 신경 전달물질의 분해를 방해해서 생명 활동을 멈추게 만들어 해충을 구제합니다. 가정용 살충제에 사용되는 유기인 화합물은 벌레를 죽이기에는 충분하지만 인체에는 독성이 큰 영향을 미치지 않도록 만들어졌습니다.

말라티온(상품명 마라손)이나 페니트로티온(상품명 스미티온)과 같은 유기인 약제는 독성이 작용하는 원리는 같지만 사람 등의 포유류가 대사를 통해 해독하거나 배출할 수 있는 화학적 구조로 설계되어 있습니다. 말

23-1 가정에서 사용하는 살충제의 종류

살충제	대상 해충	제형 예시 (주요 유효 성분)
위생해충용	병원균을 매개로 하는 해충 (파리 , 모기 , 바퀴벌레 , 벼룩 , 진드기 등)	훈연재 모기향 (피레트로이드 계통) 모기 잡이 매트 (유기인 계통) 진드기용 시트 에어로졸제 붕산 경단 (붕산)
불쾌 해충용	사람에게 불쾌감을 유발하는 해충 (흰개미 , 옷 좀나방 , 수시렁이 , 민달팽이 , 개미 등)	에어로졸제 (피레트로이드 계통) 시트 타입 (유기인 계통) 과립제 (카르바메이트 계통)
원예 (농업) 해충용	가정 원예 시 식물에 해를 끼치는 해충 (진딧물류 , 패각충류 , 미국흰불나방 등)	유제 (피레트로이드 계통) 액상제 (유기인 계통) 과립제 (카르바메이트 계통) 에어로졸제

라티온과 페니트로티온의 화학식은 각각 $C_{10}H_{19}O_6PS_2$와 $C_9H_{12}NO_5PS$ 입니다. 말라티온의 원소로는 탄소, 수소[H], 산소[O], 인, 황[S]이 포함되어 있으며, 페니트로티온의 원소는 말라티온의 원소들에 질소[N]도 포함되어 있습니다.

유기인을 사용하지 않는 살충제

살충제 중에는 유기인 화합물이 아닌 것도 있습니다. 제충국[086]의 유효 성분인 피레트린이라는 물질을 개량해서 더 강력하게 만든 살충제가 널리 사용되게 되었습니다. 이것이 '피레트로이드 계통'의 살충제입니다.

이 약제 역시 곤충의 신경을 마비시켜서 호흡할 수 없게 만드는 작용을 합니다. 다양한 종류의 벌레들에 효과가 있으며, 벌레 한 마리 당 10만 분의 1그램 정도의 극소량으로도 효과를 볼 수 있습니다.

피레트로이드 살충제에서는 흔히 알레스린이라고 하는 성분이 사용되는데, 알레스린의 화학식은 $C_{19}H_{26}O_3$입니다. 원소는 탄소, 수소, 산소만 포함되어 있어서 유기인 화합물이 아님을 알 수 있습니다. 바퀴벌레나 모기에게 직접 분사하는 에어로졸 스프레이나 모기 잡이용 매트에 흔히 사용되며, 사람이나 동물에게는 해를 입히지 않습니다.

---

086 제충국은 식물의 이름이다. 또 다른 이름은 쌍떡잎식물 초롱꽃목 국화과의 여러해살이풀(Tanacetum cinerariifolium)이다. 이 꽃을 말려서 가루를 낸 후 뿌리면 살충 효과가 있어서 일본에서는 메이지 시대부터 천연 살충제로 사용되었다.

24

체내에 존재하지만 독이 될 수도 있는 '비소'

비소는 흙이나 물에서, 혹은 심지어 생물의 체내에서도 발견되는 우리 주변에 흔히 존재하는 원소입니다. 그러나 동시에 독성 물질의 대표적인 예시이기도 합니다. 이게 어떻게 된 일인지 비소의 양면성을 살펴보도록 합시다.

자연계에 광범위하게 존재하는 원소

비소^{As}는 어디에나 존재하는 원소입니다. 흙 속에서는 계관석$_{(鷄冠石)}$이라는 광물에 포함되어 있으며 옛날부터 잘 알려진 원소였습니다. 비소는 물속^{087}이나 체내^{088}에서 발견되는 것 외에도, 인공물에 이용되기도 합니다. 갈륨^{Ga}과의 화합물은 반도체로 사용되는데, 발광 다이오드와 같은 형태로 우리 주변에서 발견할 수 있습니다.

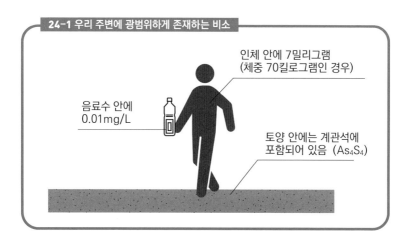

24-1 우리 주변에 광범위하게 존재하는 비소

인체 안에 7밀리그램
(체중 70킬로그램인 경우)

음료수 안에
0.01mg/L

토양 안에는 계관석에
포함되어 있음 (As$_4$S$_4$)

---

087 수돗물의 비소 농도는 엄격히 관리되고 있는데, 비소의 함유량은 1리터 중 0.01밀리그램까지 허용한다.

088 체중 70킬로그램인 사람의 체내에는 약 7밀리그램이 포함되어 있다.

일본에서 발생한 비소 사건

비소를 과도하게 섭취하면 죽음에 이를 수 있습니다. 일본에서는 도로쿠 공해(1920~1962)나 모리나가 비소 우유 중독 사건(1955년), 와카야마 독극물 카레 사건(1998년)처럼 심각한 비소 중독 사건이 발생했습니다.

비소 중독의 종류에는 비소를 한 번에 대량 섭취해서 발생하는 '급성 중독'과 장기간에 걸쳐 조금씩 섭취하여 발생하는 '만성 중독'이 있습니다. 급성 중독은 극심한 통증, 구토, 출혈로 인해서 그리고 만성 중독은 쇠약해지면서 생명을 잃게 됩니다.

옛날부터 독살에 사용되어 온 원소

비소는 옛날부터 독살에 사용된 원소입니다. 특히 광물에서 쉽게 추출할 수 있기 때문에 무수 아비산[As_2O_3]이나 아비산[$As(OH)_3$]과 같은 무기 비소화합물의 형태로 사용되는 경우가 많았으며, 중세에서 근세 유럽에 이르기까지 암살용 독극물로 빈번히 사용되었습니다.[089]

아비산은 무미 무취이고 물에 잘 녹아서 음식물에 섞기 쉽기 때문에, 상대가 눈치채지 못하게 독을 넣을 수 있었습니다. 또한 그 당시에는 유체에서 비소를 검출하는 기술이 확립되지 않았기 때문에 독살임이 명백하게 드러날 걱정이 거의 없었습니다.

1838년이 되어서야 비로소 비소로 인한 독살을 증명하는 '마시 시험법'이 탄생했습니다. 이 이후부터는 비소로 인한 독살을 쉽게 판명할

---

[089] 16세기에 화장용 상품으로 판매되었던 '토파나 독약'은 아비산을 많이 포함하고 있으며, 부인들 사이에서는 원래의 용도가 아닌 가톨릭 교리 상 이혼이 금지된 나라들에서 남편을 암살하는 용도로 널리 사용되었다.

수 있게 되었기 때문에 지금은 '어리석은 자의 독약'이라고 불리게 되었습니다.

비소를 포함한 식품

비소는 일상생활에서 발견할 수 있는 식품에도 포함되어 있습니다. 예를 들어, 굴이나 대하 같은 수산물들에 포함되어 있습니다. 그러나 이러한 수산물들에 비소가 포함되어 있다고 해서 걱정할 필요는 없습니다. 수산물에 포함되어 있는 비소는 유기 비소 화합물이라고 하는데, 무기 비소 화합물과는 달리 독성을 띠고 있지 않습니다. 유기 비소 화합물은 섭취하면 체내로 쉽게 흡수되지만 혈액과 함께 몸을 순환한 후에 소변에 녹아서 체외로 배출되어 몸을 그냥 통과하기 때문입니다.

그러나 톳의 경우에는 이야기가 조금 복잡해지는데, 그 이유는 무기 비소 화합물이 포함되어 있기 때문입니다. 2004년 7월에 영국 식품 기준청(FSA)에서는 영국 국민들에게 톳을 먹지 말라는 권고를 발표했습니다.[090]

- 1988년에 WHO에서 지정한 위험 섭취량은 톳을 매일 4.7그램 이상 지속적으로 섭취할 때에 해당하는 양이다.
- 톳이 포함하고 있는 무기 비소 화합물이 원인이 되어 건강상 피해를 일으킨 사례에 관해 보고된 것은 없다.
- 톳은 식물성 섬유질이 풍부하며, 필수 미네랄을 포함하고 있다.
- 극단적으로 많이 섭취하는 것이 아니라 균형 잡힌 식생활을 한다면 건강상 위험이 증가할 일은 없다고 여겨진다.

090   그 이유는 톳에 암을 유발하는 위험성이 있다고 지적된 무기 비소 화합물이 많이 포함되어 있다는 조사 결과가 있었기 때문이라고 한다.

이에 대해 일본의 후생노동성은 관련 정보를 정리하여 공표[091]했습니다. '톳을 먹으면 건강상의 위험이 증가합니까?'라는 질문에 대해 다음과 같이 답변했습니다. '지나치게 많이 먹지만 않으면 문제가 없다'는 결론이었습니다.

091　일본 후생노동성 홈페이지 '톳에 함유된 비소에 관한 질문과 답변' 참조.(https://www.mhlw.go.jp/topics/2004/07/tp0730-1.html)

　'사고 및 사건'에서 발견하는 원소

25

비소가 없었던 시대의 독의 부산물 '탈륨'

탈륨은 비소와 마찬가지로 독살에 자주 사용되었습니다. 상온에서는 은백색을 띠는 금속이며, 외관이나 성질은 납과 비슷합니다. 이 장에서는 독극물로 취급되는 탈륨에 대해 살펴보도록 합시다.

제모 크림으로 사용된 적도 있었다

탈륨^{Tl}은 1861년에 발견되었습니다. 앞 장에서 소개한 비소와 비교하면 탈륨은 독성 원소의 범주에 갓 참가한 '신입 원소'라고 할 수 있겠습니다. 탈륨이 발견되었을 당시, 탈륨 화합물의 높은 독성을 활용해서 쥐나 개미의 구제에 이용했습니다. 지금 현재 한국에서는 사용이 금지되어 있지만, 예전에는 탈륨 화합물을 입수하는 것이 그렇게 어렵지 않았던 것 같습니다.

탈륨 화합물 중의 하나인 황산 탈륨[Tl_2SO_4]는 물에 녹기 쉬우며 거의 무미 무취여서, 독살에 최적화된 성질을 가지고 있습니다. 그렇기 때문에 추리 소설에서는 비소 대신에 독극물로 사용되는 경우도 있었습니다. 탈륨에 중독되면 마비, 의식 장애, 쇠약 증상이 나타나며, 머리카락이 빠지는 것과 같은 특징적인 증상들을 볼 수 있습니다. 일찍이 탈륨이 인체에 미칠 수 있는 독성이 잘 알려지지 않았던 시대에는 이 특성을 이용한 제모 크림을 상품화하기도 했다고 합니다.[092]

---

092   지금은 제모 현상이 독성으로 인한 것임이 밝혀졌기 때문에 이 증상을 보고 탈륨 중독을 구분해낼 수 있다.

'위장 침입'해서 독성을 발휘

탈륨은 '위장 침입'해서 독성을 발휘합니다. 탈륨은 인체의 필수 원소로 작용하는 칼륨^{K}과 크기나 화학적 성질이 아주 비슷합니다. 그러므로 체내에 있는 칼륨 전용 출입구에서 혼동을 일으켜 탈륨을 통과시켜버리는 사태가 발생합니다. 탈륨은 칼륨으로 위장 침입해서 인체의 중추로 침입하는 것입니다.

일단 체내에 침입하기만 하면, 탈륨은 칼륨이 저지르지 않는 악행을 벌입니다. 다시 말해, 생명체 내의 화학 반응을 저해하는 것 같은 작용을 해서 생명 활동에 큰 해를 끼치는 것입니다. 이것이 탈륨이 독으로 작용하는 내막입니다. 이런 수법으로 독성을 발휘하는 원소는 탈륨 외에도 아연^{Zn}으로 위장하는 카드뮴^{Cd093}이나 칼슘^{Ca}으로 위장하는 방사성 스트론튬^{Sr} 등이 있습니다.

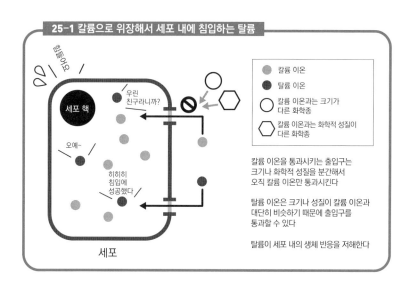

25-1 칼륨으로 위장해서 세포 내에 침입하는 탈륨

- 칼륨 이온
- 탈륨 이온
- 칼륨 이온과는 크기가 다른 화학종
- 칼륨 이온과는 화학적 성질이 다른 화학종

칼륨 이온을 통과시키는 출입구는 크기나 화학적 성질을 분간해서 오직 칼륨 이온만 통과시킨다

탈륨 이온은 크기나 성질이 칼륨 이온과 대단히 비슷하기 때문에 출입구를 통과할 수 있다

탈륨이 세포 내의 생체 반응을 저해한다

093 '27·칼슘 흡수를 방해하는 카드뮴' 참조.

탈륨을 사용한 독살 사건

탈륨을 사용한 독살 사건으로 유명한 것은 영국에서 발생한 그레이엄 영의 연속 독살 사건(1961~1971)입니다.

　일본에서도 탈륨을 사용한 독살 사건이 몇 차례 발생했습니다. 가장 최근에 발생한 것은 1991년에 도쿄 대학의 국가 공무원이 동료를 살해한 사건입니다. 연구를 할 때 항균제로 사용했던 아세트산 탈륨을 이용해 독살했습니다. 또한 2005년에 여자 고등학생이 일으킨 독살 미수 사건은 후에 영화로도 만들어졌습니다.[094]

'위장 침입'을 반대로 이용하는 해독제

이렇게 탈륨은 무서운 원소이지만, 1969년에 해독제를 발견했습니다. 바로 '프러시안블루'라고 하는 물질입니다. 이 물질은 칼륨을 포함하고 있는데, 이 물질에 탈륨이 접근하면(성질이 비슷하기 때문에) 프러시안블루의 칼륨이 탈륨과 교체됩니다. 탈륨을 함유한 프러시안블루는 몸에서 그대로 배출되어 해독 작용을 하는 원리입니다. 탈륨의 '위장 침입'을 역이용하는 멋진 원리로, 치사량의 탈륨을 섭취한 사람의 경우에도 2주일 정도면 나을 수 있을 정도로 효과를 발휘합니다.

094　일본 영화 '탈륨 소녀의 독살 일기(2013년 7월 개봉)'. 제42회 로테르담 국제 영화제에 출품되어 주목받은 후, 제25회 도쿄 국제 영화제에서 작품상을 수상했다.

26

공해로 사람들을 위험에 빠뜨린 맹독 '유기 수은'

고도성장기에 문제가 된 '사대 공해병' 중에서 미나마타병과 니이가타 미나마타병의 원인이 된 것이 바로 유기 수은입니다. 두 번이나 발생한 이 미나마타병은 어떤 공해였는지 살펴봅시다.

뇌에 침투하는 수은

수은^{Hg}은 상온에서 액체 상태로 존재하는 금속으로 홑원소 물질 중에서는 유일하게 액체인 금속 원소입니다. 홑원소 물질인 수은은 만약 마셨다 하더라도 체내를 통과해서 나와 버리면 문제가 없지만, 유기 화합물이 되어 버리면 강한 독성을 띠게 됩니다.

'미나마타병'이란 1950년대 중반에 일본 구마모토현 미나마타시에서 발생한 질병을 가리킵니다. 그리고 1965년에 일본 니가타현 아가노강 유역에서 발생한 질병을 '니가타 미나마타병'이라고 부릅니다.

이 두 경우 모두 병의 원인이 된 물질은 화학 공장^{095}에서 방류한 액체에 포함되어 있던 '메틸수은'이라는 유기 수은이었습니다. 자연에 방류된 메틸수은은 플랑크톤의 체내에 들어갔고, 이 플랑크톤을 먹는 소형 어류의 몸속으로, 그다음 그 소형 어류를 먹은 대형 어류에게로 차례차례 이동했습니다. 그렇게 먹이 사슬에서 상위 단계에 있는 생물로 계속 이동하고 농축되면서 최종적으로는 먹이 사슬의 가장 위에 있는 사람의 체내에 쌓이게 되었습니다.

미나마타시 근처의 바다가 메틸수은으로 오염되었을 때, 그 지역의

---

095 구마모토는 주식회사 칫소, 니가타는 주식회사 쇼와 전공으로 인해 발생했다.

'사고 및 사건'에서 발견하는 원소

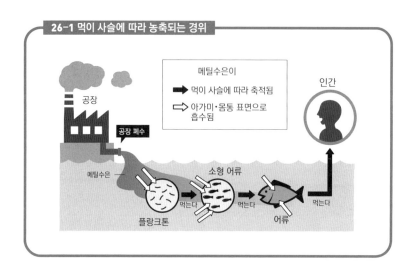

26-1 먹이 사슬에 따라 농축되는 경위

메틸수은이
➡ 먹이 사슬에 따라 축적됨
⇨ 아가미·몸통 표면으로 흡수됨

인간

공장

공장 폐수

메틸수은

플랑크톤

먹는다

소형 어류

먹는다

어류

먹는다

어부들은 해산물을 늘 섭취했기 때문에 계산해 보면 매일 약 3.3 밀리그램의 메틸수은을 섭취했다고 합니다. 메틸수은 중독은 약 25밀리그램을 섭취하면 발생하는 지각 이상 증세를 시작으로, 섭취량이 증가함에 따라 운동실조, 발화 장애, 난청과 같은 증상이 나타납니다. 이러한 증상은 모두 뇌와 신경으로 수은이 침투해서 발생하는 것이며, 섭취량이 약 200밀리그램에 달하면 치사량에 이르게 되어 높은 확률로 사망에 이르게 됩니다.[096]

점점 강화되는 수은 사용 규제

2013년 10월에 구마모토시와 미나마타시에서 개최된 외교 회의에서 인위적인 수은 배출로부터 환경과 건강을 지키기 위한 국제 조약인

---

096   미나마타병의 사망자는 공식적으로, 1,963명(2020년 5월 31일 기준)이다. 사망하지 않은 환자의 경우에도 많은 수가 후유증에 시달리고 있으며, 지금도 투병 생활이나 재판이 계속되고 있는 경우도 있다.

'수은에 관한 미나마타 조약'이 채택되었습니다. 이 조약은 2017년 8월 16일에 발효되었고, 생활에서 수은 제품을 제거하는 움직임이 계속되고 있습니다.

'빨간약'으로 유명한 '머큐로크롬'이라는 살균제에 대해 들어본 적이 있는지요. 메르브로민 용액이라고도 불리는 이 살균제에는 수은 화합물이 포함되어 있어서 법률[097]의 규제 대상이 되었기 때문에 2020년 말에 일본에서 제조가 종료되었습니다.[098]

형광등에도 미량의 기체 수은이 들어가 있습니다.[099] 그렇기 때문에 일본에서는 2020년 12월 31일 이후부터 형광등을 포함한 수은 전등 제조 및 수출입에 일부 규제가 시행되었습니다. 또한 옛날에는 '수은 온도계'를 사용했습니다. 넓은 온도 범위에서 팽창 및 수축 정도가 동일했기 때문에 편리하게 사용할 수 있었습니다. 그러나 최근에는 더욱 편리하게 사용할 수 있는 디지털 온도계로 바뀌어 가고 있습니다.

생활 속의 의외의 장소에서도 발견되는 수은

수은 화합물은 의외로 우리 주변에 존재합니다. 그것은 일본의 신사입니다. 신사 입구의 기둥 문은 붉은색을 띠고 있는데, 이 붉은색 안료가 황화수은을 포함하고 있는 경우가 있습니다.

그리고 인체 내에도 수은은 존재합니다. 인체 내에는 보통 약 6밀리그램의 수은이 포함되어 있습니다. 농수산물에는 지극히 미량의 수은

---

097 2019년 9월 14일에 시행된 '수은으로 인한 환경오염 방지에 관한 법률'.

098 현재는 '빨간약'으로 포비돈 요오드(Povidone-Iodine)가 사용되고 있다.

099 '36·형광등 끝부분이 검게 변하는 이유는 무엇일까요?' 참조.

이 포함되어 있으며, 우리는 자신도 모르는 사이에 매일 약 0.003밀리그램(=3μg)의 수은을 섭취하고 있습니다. 이와 동시에 소변 등을 통해서 극히 미량의 수은을 체외로 배출하고 있기 때문에 섭취하는 양과 배출하는 양이 균형을 이루어 체내에 항상 일정량의 수은이 존재하게 되는 것입니다.

27

칼슘 흡수를 방해하는 '카드뮴'

앞 장에서 소개한 일본의 '사대 공해병' 중 또 하나는 이타이이타이병입니다. 세계적으로도 유명한 공해이자 질환으로, 아프다는 뜻이 일본어인 '이타이(痛い)'에서 이렇게 병명이 붙었습니다. 영어로도 'Itai-itai disease'라고 합니다. 이 병에 걸리면 말 그대로 전신에 심한 통증을 느끼게 됩니다.

'너무 아파요, 아프다고요!'

이타이이타이병은 1910~1960년경에 도야마현 진즈강 유역에서 유행한 병으로, 이 병의 원인이 된 물질은 카드뮴 ^{Cd} 을 포함하고 있는 폐기물[100]이었습니다. 이 병에 걸린 환자는 의식에는 별다른 이상이 없는 상태로 그저 '너무 아파요, 아프다고요!'라고 외치며 온몸의 극심한 통증을 호소합니다.

통증의 원인은 뼈에 있었습니다. 카드뮴을 과잉 섭취하면 인체의 신장에 해를 끼치는 맹독이 됩니다. 신장이 손상을 입으면 칼슘이 뼈에 잘 흡수되지 않게 되어 골연화증을 일으킵니다. 뼈가 약해지면 환자의 몸의 무게를 지탱할 수 없게 되어 온갖 부위의 뼈가 골절됩니다. 그렇기 때문에 대단히 아픈 것입니다. 의사가 단지 맥을 짚으려고 팔을 들어 올리기만 했는데도 팔이 골절된 환자도 있었을 정도였습니다. 너무나 극심한 통증에 환자들은 침대에서 움직이지도 못한 채 고통에 시달리다가 쇠약해져서 죽음에 이르렀습니다.

미움받는 원소

독성 원소들은 일상생활에서 점차 배제되고 있습니다. 유럽의 여러 나

---

100 미쓰이 금속 광업 가미오카 광산 아연 정련소에서 배출했다.

라들에서는 2013년부터 특히 카드뮴을 전기 제품에 사용하는 것을 엄격하게 제한했습니다. 불과 얼마 전까지만 해도 카드뮴은 니켈 카드뮴 축전지(NiCad 전지), 녹 방지 도금, 황색 안료(카드뮴 옐로)[101]처럼 다양한 용도에 사용되었지만, 이제는 점차 세계적으로 카드뮴 이용을 기피하는 움직임이 강화되고 있습니다.

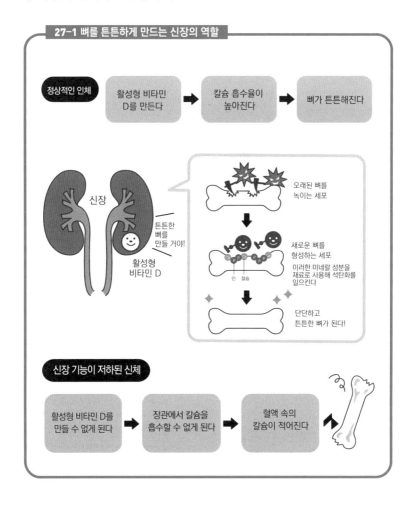

27-1 뼈를 튼튼하게 만드는 신장의 역할

정상적인 인체

활성형 비타민 D를 만든다 → 칼슘 흡수율이 높아진다 → 뼈가 튼튼해진다

신장

튼튼한 뼈를 만들 거야!

활성형 비타민 D

오래된 뼈를 녹이는 세포

새로운 뼈를 형성하는 세포
이러한 미네랄 성분을 재료로 사용해 석탄화를 일으킨다

인 칼슘

단단하고 튼튼한 뼈가 된다!

신장 기능이 저하된 신체

활성형 비타민 D를 만들 수 없게 된다 → 장관에서 칼슘을 흡수할 수 없게 된다 → 혈액 속의 칼슘이 적어진다

---

101 모네, 고흐, 고갱과 같은 유명한 화가들이 애용했다고 알려져 있다.

카드뮴, 가미오카 광산, 뉴트리노

일본 기후현의 가미오카 광산은 에도 시대에 이용되었던 광산으로 금, 은, 구리, 납과 같은 광물들이 채굴되었습니다.[102] 일본에서는 메이지 시대에 접어들면서 전쟁의 기운이 감돌자, 장갑판과 그 밖의 장비들을 만들기 위해 금속을 필요로 하게 되었습니다. 이러한 영향으로 인해 가미오카 광산에서는 1905년경부터 아연^{Zn}을 생산하기 시작했습니다.

그러면 주기율표에서 아연의 위치를 한 번 확인해 봅시다. 아연 바로 밑에는 카드뮴이 존재합니다. 주기율표에서 같은 족에 속해 있는 원소는 성질이 비슷합니다. 사실 아연과 카드뮴은 성질이 대단히 비슷하기 때문에, 땅속에서 아연 광석을 채굴하면 많은 경우 카드뮴이 동시에 채굴됩니다. 그러나 아연만 필요로 하기 때문에 카드뮴은 폐기물로 버려지게 되었습니다. 이렇게 버려진 카드뮴이 강을 통해 논으로 흘러 들어가서 농작물에 대량의 카드뮴이 축적되게 되었고, 이 농작물을 섭취한 사람들이 이타이이타이병에 걸린 것입니다.

가미오카 광산은 2001년에 폐광되었습니다. 그럼 현재 가미오카 광산은 어떤 모습일까요. 가미오카 광산은 현재 놀랍게도 최첨단 우주 물리학 연구 시설로 사용되고 있습니다. 이 시설은 '슈퍼 가미오칸데'[103]라는 시설로, 광산 지하에 어마어마하게 큰 수조가 존재합니다.

---

102 '720년경에 황금을 채굴했다'라는 구전이 있었다고 하지만, 진위는 밝혀지지 않았다.

103 도쿄 대학 우주선 연구소에서 운용 중인 세계 최대의 물 체렌코프 우주 소립자 관측 장치이다. 초대 '가미오칸데'는 '우주 뉴트리노'를 관측하는 데 성공해, 2002년에 고시바 마사토시가 노벨 물리학상을 수상했다. 그다음 '슈퍼 가미오칸데'는 '뉴트리노 진동'을 관측하는데 성공해, 2015년에 가지타 다카아키가 노벨 물리학 상을 수상했다.

이곳은 원자보다도 훨씬 작은 사이즈의 '뉴트리노'라는 소립자를 연구하기 위한 시설입니다. 오랜 기간 동안 사용되어 온 광산이 최첨단 우주 관측 도구로 탈바꿈한 것은 마치 한 편의 드라마와 같은 극적인 전개입니다.

'부엌과 식탁'에
존재하는 원소

28

수돗물에는 어떤 원소가 들어 있을까요?

우리의 몸의 약 60%는 물로 이루어져 있습니다. 우리가 매일 마시는 물은 우리 생명을 유지하는 데 필수 요소입니다. 음용수에는 수돗물이나 미네랄워터 같은 종류가 있습니다. 그럼 수돗물에는 어떤 원소가 포함되어 있을까요.

수돗물에 포함되어 있는 원소

수돗물은 대부분 '물'이므로 물을 구성하는 원소인 수소^{H}와 산소^{O}가 거의 대부분을 차지하고 있습니다. 물은 물질을 용해하는 능력이 크기 때문에 다양한 물질을 녹일 수 있습니다. 비는 대기 중의 기체를 녹입니다. 숲의 토양에 스며든 빗물은 토양이나 빗물에 접촉한 암석의 성분을 녹여서 지하수가 되고, 강물이 되거나 호수의 물이 됩니다. 음용수의 대표 격인 수돗물은 그러한 물을 원수(수돗물의 재료가 되는 물)로 사용합니다.[104]

수돗물의 가장 중요한 조건은 그 자체로 믿고 마실 수 있는 무균 상태의 물을 공급하는 것입니다. 질이 좋은 용수나 지하수가 풍부한 땅에서는 그러한 물을 염소^{Cl}로 소독하기만 하면 수돗물로 사용할 수 있습니다.

그러나 하천 하류의 물을 사용해야만 하는 대도시에서는 원수를 정수장으로 보내서 정수 처리를 하고, 염소 소독을 거친 물을 수돗물로 사용합니다. 수돗물은 반드시 염소 소독을 해야 하기 때문에[105] 수돗물

---

104 수돗물의 원수는 주로 하천, 댐, 호수(여기까지가 '지표수'), 복류수, 우물물(여기까지가 '지하수')이며, 이 중에서 지표수가 약 7할을 차지하고 있다. 현재는 댐에서 끌어오는 물의 비율이 증가하고 있다.

105 수도법으로 규정되어 있다.

의 원소에는 언제나 염소가 포함되어 있습니다.

염소 소독을 하기 위해서는 하이포 염소산염 나트륨[NaClO]이라는 물질을 주로 사용하는데, 여기에는 수소와 산소 외에도 염소나 나트륨 Na 원소가 포함되어 있습니다. 또한 마그네슘^{Mg}, 칼슘^{Ca}, 칼륨^{K} 같은 미네랄도 포함되어 있습니다. 원수에는 망가니즈^{Mn}, 철^{Fe}, 알루미늄^{Al}, 비소^{As} 등 다양한 원소가 이온 상태로 포함되어 있지만, 침전이나 전 염소처리 같은 정수 처리 과정에서 제거해서 함유량을 줄입니다.[106]

또한 수돗물은 정수 과정에서 트리할로메탄이라고 하는 발암물질이 만들어질 우려가 있었습니다. '트리'란 세 개를 의미하고, '할로'는 염소^{Cl}나 브로민^{Br}과 같은 할로겐 원소를 가리킵니다. 메탄[CH4]의 네 개의 수소 원자 중에서 세 개가 염소나 브로민 원자로 대치된 분자를 의미하며, 그 대표적인 예시로 'H' 세 개가 염소로 대치된 클로로포름 [CHCl₃][107]이 있습니다. 트리할로메탄은 '전 염소'처리를 하는 정수장의 원수에 유기물이 많이 함유되어 있을 경우에 발생하기 쉽습니다.

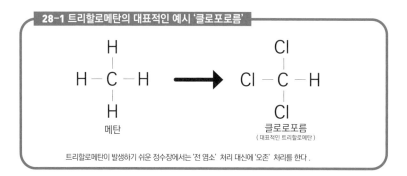

28-1 트리할로메탄의 대표적인 예시 '클로로포름'

메탄

클로로포름
(대표적인 트리할로메탄)

트리할로메탄이 발생하기 쉬운 정수장에서는 '전 염소' 처리 대신에 '오존' 처리를 한다.

---

106 염소 소독에 사용하는 염소는 '후 염소'이다. 망가니즈, 암모니아와 같은 유기물을 산화 분해 하는 첫 단계에 사용하는 염소를 '전 염소'라고 한다.

107 클로로포름은 트리클로로메탄이라고도 한다.

'부엌과 식탁'에 존재하는 원소

미네랄워터라고 해서 미네랄이 특별히 많이 포함된 것은 아니다

음용수로 상품화된 것이 미네랄워터입니다. 그렇기는 하지만 미네랄이 많이 함유되어 있어서 미네랄워터라는 이름이 붙은 것은 아닙니다. 음용수인 수돗물이나 우물물(지하수) 그리고 용천수는 전부 약간의 미네랄을 포함하고 있습니다. 다시 말해서 마실 수 있는 물에 그러한 이름을 붙인 것뿐입니다. 그렇기 때문에 수돗물도 페트병에 담으면 '미네랄워터'라고 불릴 수 있는 것입니다.

시판되고 있는 대부분의 미네랄워터는 지하수를 퍼 올려서 가열 살균해 페트병에 담은 것입니다. 페트병에 담겨 판매되는 미네랄워터는 가끔 마시는 '기호품'의 범주에 속하는 것이기 때문에, 매일 마시는 것을 전제로 한 제품들처럼 까다로운 안전 기준이 설정되어 있지는 않습니다.[108] 미네랄워터에는 수돗물에 포함된 염소 성분은 포함되어 있지 않습니다.

연수와 경수

'물이 단단하다·부드럽다'라고 표현하는 경우가 있습니다. 물의 경도는 물 일 리터 중에 몇 밀리그램의 칼슘과 마그네슘이 포함되어 있는지를 나타낸 것입니다. 미국식 경도 표기법에서는 탄산칼슘의 양으로 환산해서 표기합니다.

경수는 칼슘과 마그네슘이 120밀리그램 이상 존재하는 경우를 의미합니다. 일본의 물은 오키나와 지역처럼 석회암이 많은 수원지를 제외하고는 대부분이 연수입니다. 일본에서 판매되는 미네랄워터는 염소

---

108 수돗물과 비교해 보면, 조금 덜 엄격한 품질 관리 기준이 요구된다.

이외의 성분은 수돗물의 미네랄 양과 거의 차이가 없는 경우가 많지만, 프랑스에서 수입된 미네랄워터 중에는 경도가 꽤 높은 경수도 존재합니다.

맛있는 물의 조건

수온은 물의 맛을 결정하는 중요한 조건입니다. 여름에는 10~15℃, 겨울에는 8~10℃ 정도로 차갑게 식혀서 마시면 수돗물도 미네랄워터도 맛있게 즐길 수 있습니다. 또한 물의 맛에는 녹아 있는 물질도 관련이 있습니다. 맛있는 물은 맛을 좋게 하는 성분(이산화탄소, 산소, 칼슘)을 적절히 포함하고 있고, 맛을 해치는 성분을 포함하지 않아야 합니다.

28-2 맛있는 물의 조건

수질항목	관련 항목 값	내용
수온	최고 20℃ 이하	물 온도가 높아지면 맛이 없게 느껴진다 물 온도를 차게 하면 맛있게 느껴진다
증발 증류 물	30~200 mg/L	양이 많으면 쓰고 떫은맛이 증가하며, 적당량이 포함되어 있으면 감칠맛이 있고 부드러운 맛이 된다
경도	10~100 mg/L	칼슘과 마그네슘의 함유량을 나타내며, 경도가 낮은 물은 호불호가 갈리지 않고, 경도가 높은 경우에는 호불호가 발생한다
용존 이산화탄소	3~30 mg/L	물에 산뜻함을 더해주지만, 많이 함유되면 자극이 강해진다
과망간산칼륨소비량	3 mg/L 이하	불순물이나 이전의 오염 정도를 나타내는 지표이며, 양이 많으면 물맛을 손상시킨다
냄새 강도 지수	3 이하	수원의 상태에 따라 다양한 냄새가 배면 불쾌한 맛이 날 수 있다
잔류염소	0.4 mg/L 이하	물에 칼크 냄새가 나게 하며, 농도가 높으면 물맛을 떨어뜨린다.

후생성 (현 후생노동성) 맛있는 물 연구회의 '맛있는 물의 요건'(1985년)에서 발췌

'부엌과 식탁'에 존재하는 원소

29

삼대 영양소에는 어떤 원소가 포함될까요?

우리가 섭취하고 있는 것에는 주식인 밥이나 빵 외에도 고기, 생선, 달걀, 유제품, 야채, 과일 등이 있습니다. 이러한 음식물(삼대 영양소)에는 어떤 원소가 포함되어 있는지 살펴봅시다.

삼대 영양소란

삼대 영양소란 탄수화물, 단백질, 지방 이렇게 세 영양소를 가리킵니다. 탄수화물은 에너지의 근원이 됩니다. 우리는 보통 하루 섭취 칼로리의 약 60퍼센트를 탄수화물을 통해 얻습니다. 탄수화물은 체내에서 직접 분해할 수 있는 '당질'과 분해할 수 없는 '식이섬유'[109]로 나눠집니다. 당질은 1그램 당 4킬로칼로리의 에너지를 만들 수 있습니다.

단백질은 주로 신체를 구성하는 데 사용됩니다. 생물의 몸을 구성하는 세포는 반드시 단백질을 포함하고 있으며, 식물이든 동물이든 몸은 단백질로 구성되어 있습니다.[110] 세포를 연결하는 것도, 몸 안에서 일어나는 다양한 화학 반응을 돕고 있는 효소도 단백질로 구성되어 있습니다. 단백질은 1그램 당 4킬로칼로리의 에너지를 만들 수 있습니다.

지방은 한 마디로 말하면 '기름'과 비슷한 것입니다. 주로 에너지의

---

109 식이섬유는 셀룰로오스로 구성되어 있으며, 위나 소장에서는 소화되지 않고 대장 내의 세균에 의해 발효되어 인체가 흡수할 수 있는 에너지원으로 사용된다(1그램 당 1~2킬로칼로리).

110 예를 들어, 오이에도 단백질은 포함되어 있다. 그러나 돼지고기나 달걀에 비하면 단백질 함유량이 적은 것뿐이다.

원료로 사용되지만, 몸을 구성하는 역할도 합니다. 지방은 1그램 당 9 킬로칼로리의 에너지를 만들 수 있습니다.

탄수화물

식물은 물과 이산화탄소를 가지고 광합성을 통해 가장 먼저 포도당을 만들어냅니다. 여러 개의 포도당이 결합하면 녹말이나 셀룰로오스가 됩니다. 같은 포도당이 결합하는 경우에도 결합 방식이 달라지면 성질이 완전히 다른 물질이 만들어집니다.[111] 밥이나 빵의 주요 성분은 녹말입니다. 녹말을 소화시키면 포도당이 되어 체내에 흡수됩니다.[112]

포도당은 이산화탄소[CO_2] 분자와 물[H_2O] 분자에 포함된 수소 원

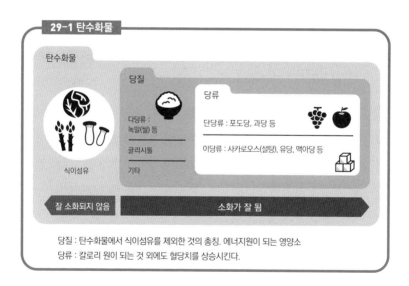

29-1 탄수화물

탄수화물

당질

다당류 : 녹말(쌀) 등

글리시톨

기타

식이섬유

당류

단당류 : 포도당, 과당 등

이당류 : 사카로오스(설탕), 유당, 맥아당 등

잘 소화되지 않음

소화가 잘 됨

당질 : 탄수화물에서 식이섬유를 제외한 것의 총칭. 에너지원이 되는 영양소
당류 : 칼로리 원이 되는 것 외에도 혈당치를 상승시킨다.

111 녹말은 포도당이 하나 결합할 때마다 조금씩 나선형으로 꺾여간다. 반대로 셀룰로오스는 직선형으로 똑바로 뻗어나가는 구조이다.

112 특히 뇌나 신경은 주로 포도당을 에너지원으로 사용하고 있다.

자가 결합해서 만들어진 물질이므로 탄소^{C}와 수소^H 그리고 산소^O 이렇게 세 종류의 원소로만 구성되어 있습니다.

단백질

단백질을 분해하면 약 20종류의 아미노산이 됩니다. 모든 생물의 몸은 모두 이 20종류의 아미노산이 결합해서 만들어집니다.[113]

아미노산은 카르복시군(-COOH) 외에 아미노기(-NH₂)를 가지고 있기 때문에, C와 O와 H 외에 항상 질소^{N}을 가지고 있습니다. 이 N 원자는 질산 이온[NO₃⁻]이나 암모늄 이온[NH₄⁺]의 형태로 물과 함께 뿌리를 통해 흡수됩니다. 그러므로 단백질을 구성하고 있는 원소에는 탄소와 수소와 산소 그리고 질소가 항상 포함되어 있습니다.[114]

고기, 생선, 계란, 대두(두부 등), 유제품 등에 포함되어 있는 단백질은

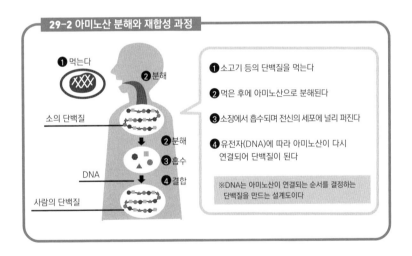

29-2 아미노산 분해와 재합성 과정

❶ 먹는다
❷ 분해
소의 단백질
❷ 분해
❸ 흡수
DNA
❹ 결합
사람의 단백질

❶ 소고기 등의 단백질을 먹는다

❷ 먹은 후에 아미노산으로 분해된다

❸ 소장에서 흡수되며 전신의 세포에 널리 퍼진다

❹ 유전자(DNA)에 따라 아미노산이 다시 연결되어 단백질이 된다

※DNA는 아미노산이 연결되는 순서를 결정하는 단백질을 만드는 설계도이다

---

113 단백질의 종류는 대단히 많으며, 인체에는 약 10만 종이 있다고 한다.

114 아미노산은 이 외에도 황을 포함하고 있는 경우가 있다.

소화되어 아미노산 상태로 흡수되며, 체내에서 아미노산을 다시 연결하고, 목적에 부합한 단백질을 만들어냅니다.

지방

식물은 광합성으로 생성한 포도당을 사용해서 지방[115]도 합성합니다. 참기름이나 유채 씨 기름, 올리브기름은 모두 식물 내부에서 포도당을 사용해서 생성된 것입니다.

지방은 글리세린에 세 개의 지방산이 결합해서 만들어집니다. 참기름과 유채 씨 기름, 올리브기름의 차이점은 지방산의 차이와 관련이 있습니다. 지방산은 리놀레산이나 올레산 등 20여 종류가 있습니다.

지방 분자는 물 분자와 섞이지 않는 성질이 있습니다. 지방은 체내에서 소화되면 지방산과 모노글리세라이드[116]가 되어 소장 벽에 있는

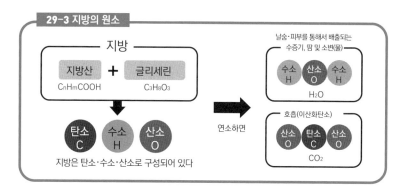

29-3 지방의 원소

지방

지방산 + 글리세린

C_nH_mCOOH $C_3H_8O_3$

탄소 C   수소 H   산소 O

지방은 탄소·수소·산소로 구성되어 있다

연소하면

날숨·피부를 통해서 배출되는
수증기, 땀 및 소변(물)

수소 H   산소 O   수소 H

H_2O

호흡(이산화탄소)

산소 O   탄소 C   산소 O

CO_2

---

115 화학적으로는 상온에서 고체 상태로 존재하는 것이 지방이고, 액체로 존재하는 것이 지방유이며 이 둘을 합쳐서 유지라고 부른다. 인지질이나 당지질까지 포함해서 지질이라고 부르는 경우도 있다.

116 지방은 글리세린과 지방산으로 소화된다고 알려져 있었지만, 지금은 지방산과 모노글리세라이드로 소화된다는 것이 밝혀졌다.

융모를 통해 림프관으로 이동하며, 림프관을 통해 흡수된 후, 체내에서 다시 지방으로 합성되거나 다른 물질을 생성하기 위한 재료로 사용됩니다. 글리세린과 지방산은 C와 H와 O, 이 세 종류의 원자로만 구성되어 있으며 원소로 이야기하면 탄소와 수소와 산소로 구성되어 있습니다.

30

비타민이나 미네랄에는 어떤 원소가 들어 있을까요?

앞 장에서 소개한 삼대 영양소에 비타민과 미네랄이 더해진 것을 오대 영양소라고 부릅니다. 비타민과 미네랄은 어떤 원소로 구성되어 있는지 살펴봅시다.

비타민은 유기물이다

삼대 영양소는 모두 에너지원으로 사용되는 유기물입니다. 한편 삼대 영양소와 비교하면 미량이긴 하지만, 생명체가 정상적으로 살아가기 위해 필요한 것이 있습니다. 그것은 바로 비타민이며, 체내에서는 거의 합성할 수 없기 때문에 식물을 통해 섭취해야 하는 유기물을 가리킵니다.

생명체마다 체내에서 합성할 수 없는 것이 각각 다르기 때문에, 필요로 하는 비타민도 생명체의 종류에 따라 달라집니다. 예를 들어 비타민C는 많은 동물들의 경우 포도당을 가지고 체내에서 합성할 수 있지만, 사람이나 원숭이는 합성할 수 없습니다. 따라서 비타민C는 많은 동물들에게는 비타민이 아니지만, 사람이나 원숭이에게는 비타민이 되는 것입니다.

비타민 결핍증과 과잉증

인체에는 13종류의 비타민이 있으며, 비타민의 성질에 따라 크게는 수용성 비타민과 지용성 비타민으로 나눌 수 있습니다.

수용성 비타민은 혈액과 같은 체액에 녹아들어 가며 여분의 양은 소변으로 배출됩니다. 그렇기 때문에 체내에 존재하는 양이 너무 많아지

'부엌과 식탁'에 존재하는 원소

는 경우는 거의 없습니다. 한편, 지용성 비타민은 물에 녹지 않는 성질이 있으며 주로 지방 조직이나 간장에 저장됩니다. 인체의 기능을 정상적으로 유지하는 작용을 하지만, 너무 많이 섭취하면 과잉증을 일으키는 경우가 있습니다.

비타민이 결핍되면 특정한 효소의 작용이 원활하지 않게 되고, 대사 활성이 저하되어 다양한 질병을 일으킬 수 있습니다. 이러한 경우를 결핍증이라고 하며, 많은 경우 비타민을 보충하면 증상이 완화됩니다. 한편 지용성 비타민 중 많은 수는 과잉 섭취할 경우 체내에 축적되어 좋지 않은 질병 증상을 일으킵니다. 비타민은 유기물이기 때문에 공통적으로는 탄소^C, 수소^H, 산소^{O}로 구성되어 있으며, 질소^{N}나 황^{S}을 포함하는 것도 있습니다.[117]

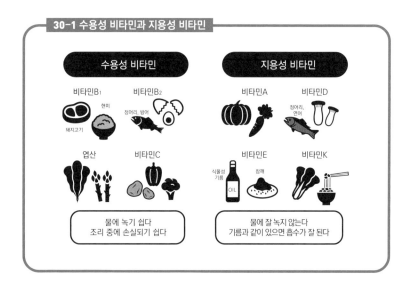

30-1 수용성 비타민과 지용성 비타민

수용성 비타민

비타민B₁ 비타민B₂

돼지고기 현미   정어리, 방어

엽산   비타민C

물에 녹기 쉽다
조리 중에 손실되기 쉽다

지용성 비타민

비타민A 비타민D

정어리, 연어

비타민E 비타민K

식물성 기름 참깨

물에 잘 녹지 않는다
기름과 같이 있으면 흡수가 잘 된다

---

117 구조가 복잡한 비타민 B₁₂는 금속 원소인 코발트를 포함하고 있다.

30-2 비타민과 결핍증

종류			결핍증
수용성비타민	비타민 B군	비타민B₁	각기, 다발성 신경장애, 부종, 변비, 식욕 부진 등
		비타민B₂	구각염, 구순염, 구내염, 각막염, 지루성 피부염 등
		나이아신	펠라그라 피부염, 구설염, 피부염, 위장병 등
		판토텐산	피부 장애, 어린이 성장 정지 등
		비타민B₆	피부염, 신경장애, 식욕 부진, 빈혈 등
		비오틴	피부 장애, 탈모 등
		엽산(Folate)	영양성 거대적아구성 빈혈, 구내염, 설사 등
		비타민B₁₂	거대적아구성 빈혈, 신경 장애 등
	비타민C		괴혈병, 식욕 부진 등
지용성비타민	비타민A		각기, 야맹증, 각막 건조증, 감염 저항력 저하 등
	비타민D		구루병, 골다공증, 골연화증 등
	비타민E		용혈성 빈혈, 불임, 루게릭병 등
	비타민K		두개골 내 출혈, 지혈이 잘되지 않는 증상 등

미네랄은 무기질이다

삼대 영양소와 비타민은 유기질이지만, 미네랄(무기질, 회분이라고도 한다)은 그에 포함되지 않는 물질이며, 무기질입니다.

미네랄의 종류 중에는 많이 섭취해야 하는 것과 소량만 필요한 것이 있습니다. 많이 필요한 것을 주요(다량) 미네랄이라고 하며, 소량만 필요한 것을 미량 미네랄이라고 합니다.

미네랄을 섭취할 때는 일반적인 식사로는 과잉 섭취를 걱정할 필요가 없지만, 보조제를 통해 대량 섭취하게 되면 신체에 이상 반응이 나타날 수 있기 때문에 주의해야 합니다.[118]

118 예를 들어 철을 과잉 섭취하면 간경변증이나 당뇨병이 발생하는 경우도 있다.

'부엌과 식탁'에 존재하는 원소

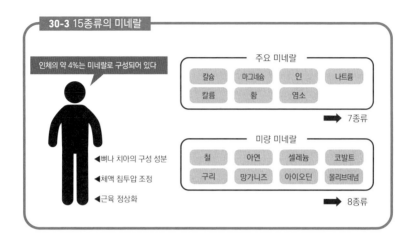

30-3 15종류의 미네랄

인체의 약 4%는 미네랄로 구성되어 있다

◀뼈나 치아의 구성 성분

◀체액 침투압 조정

◀근육 정상화

주요 미네랄

| 칼슘 | 마그네슘 | 인 | 나트륨 |
| 칼륨 | 황 | 염소 | |

➡ 7종류

미량 미네랄

| 철 | 아연 | 셀레늄 | 코발트 |
| 구리 | 망가니즈 | 아이오딘 | 몰리브데넘 |

➡ 8종류

미네랄 중에서 가장 부족하기 쉬운 것은 칼슘^{Ca}입니다. 칼슘은 우유나 톳, 소송채 등에 포함되어 있습니다. 칼슘은 인체 내에서 뼈나 치아뿐만 아니라 혈액 내에도 존재합니다. 혈액 속의 칼슘 함유량이 부족해지면 뼈를 녹여서 필요한 양을 채우도록 조정하기 때문에, 칼슘이 부족하면 골다공증이나 고혈압, 동맥 경화를 일으킵니다.[119] 또한 칼슘을 아주 많이 섭취하면 뼈가 튼튼해져서 골절을 예방할 수 있을 것 같아 보이지만, 실제로 골절을 예방할 수 있는지의 여부는 연구마다 결과가 달라서 아직까지 결론이 나지 않았습니다.

칼륨^{K}도 WHO(세계보건기구)에서는 하루에 3.5그램 이상을 섭취할 것을 추천하고 있는데, 동양인들은 평균적으로 2.5그램 이하로 섭취하고 있어서 부족하기 쉬운 미네랄입니다. 칼륨을 많이 섭취하면 혈압 강화와 더불어 뇌졸중 예방에도 도움이 된다고 합니다.

---

119 반대로 칼슘을 너무 많이 섭취하면 부드러워야만 하는 연조직이 석회화되어 단단해지거나, 철이나 아연의 흡수를 방해하고 변비가 생긴다.

■

31

조미료는 어떤 원소로 구성되어 있을까요?

조미료는 요리의 맛이나 재료의 맛을 돋워주고, 요리 전체의 맛을 조절하는 역할을 합니다. 가장 일반적인 조미료인 식용 소금, 설탕, 식초, 간장을 구성하는 원소를 살펴봅시다.

식용 소금의 주요 성분은 염화나트륨

가장 일반적으로 사용되는 소금은 가정용으로 작게 포장된(식용 소금 500그램·1킬로그램) 것이며, 일본의 경우 공익 재단법인 소금 사업 센터에서 판매합니다. 비교적 보드랍고 잘 녹으며 다방면으로 활용하기 좋은 소금입니다. 이 소금의 100그램 당 성분을 자세하게 살펴보면 다음과 같습니다.[120]

염화나트륨 [NaCl]	99.56g
물	0.11g
간수	0.33g

간수 성분의 이온은 칼슘 이온[Ca^{2+}], 마그네슘 이온[Mg^{2+}], 칼륨 이온[K^+], 황산이온[SO_4^{2-}] 그리고 염화물이온[Cl^-]입니다. 금속 원소는 나트륨[Na], 칼륨[K], 칼슘[Ca], 마그네슘[Mg], 비금속원소로는 염소[Cl], 수소[H], 산소[O], 황[S]으로 구성되어 있습니다. 염분을 줄인 식용 소금의 경우

---

120 공익 재단법인 소금 사업 센터의 데이터 분석 사례「식용 소금 500그램·1킬로그램·5킬로그램·25킬로그램」참조. https://www.shiojigyo.com/product/upload/analytical_value.pdf

에는 나트륨의 양을 줄이고 칼륨과 같은 간수 성분을 증가시켰습니다.

가정용 소금은 간수의 흡습성을 줄여서 보드라운 상태를 지속할 수 있도록 탄산마그네슘을 더했기 때문에 탄소^C 원소가 더해집니다. 소금 사업 센터의 식용 소금은 이온 교환막 방식으로 바닷물을 농축한 후, 농축한 바닷물을 가마에서 졸여서 만듭니다. 최근에는 순도 높은 염화나트륨 식용 소금보다도 더욱 간수가 많은 천일염과 같은 소금을 사용하기도 합니다.

설탕의 주요 성분은 수크로오스

설탕은 주로 사탕수수와 사탕무(비트 혹은 사탕무라고도 불린다)의 즙을 짜서 만듭니다. 설탕의 종류에는 상등 백설탕(백설탕), 그래뉴당, 삼온당,[121] 사탕수수 설탕, 흑설탕 등이 있습니다. 상등 백설탕처럼 촉촉한 타입은 수분을 함유하고 있습니다. 사탕수수 설탕이나 흑설탕은 칼륨과 마그네슘 등 미네랄 성분을 조금씩 함유하고 있습니다.[122]

설탕의 주성분은 수크로오스라고 하는 포도당과 과당이 결합한 당류입니다. 포도당과 과당은 모두 탄소 원자 6개, 수소 원자 12개, 산

---

121 삼온당은 색상이 있는데, 설탕을 태운 것 같은 캐러멜 색상을 띠고 있지만 특별한 물질이 함유되어 있는 것은 아니다.

122 다만 이러한 성분은 채소와 같은 일반적인 식사에 많이 포함되어 있기 때문에 설탕을 통해 섭취할 필요는 없다.

소 원자 6개로 구성된 분자[C6H12O6]이며, 물 분자가 이와 결합해서 [C12H22O11]이 됩니다. 원소로는 탄소, 수소, 산소로 구성되어 있습니다.

아세트산 때문에 신맛을 내는 식초

식초는 산미가 있는 조미료의 총칭입니다. 자주 사용되는 식초로는 곡물을 사용해 양조 과정을 통해 만든 양조 식초가 있습니다. 그리고 그이외에는 과일 식초가 있습니다. 식초의 성분은 양조 식초의 경우 일반적으로 아세트산[CH3COOH]이 주요 성분이며, 과일 식초는 이에 구연산, 사과산, 옥살산, 주석산 등이 더해집니다.

쌀로 만든 양조 식초의 성분 예시[123]를 살펴봅시다. 쌀로 만든 양조 식초는 쌀을 누룩으로 만든 후 알코올을 거쳐 식초를 만듭니다. 성분은 물이 대부분을 차지하고 있으며, 100그램 당 87.9그램, 아세트산이 4.4그램, 탄수화물이 7.4그램, 단백질이 0.2그램, 회분(미네랄)이 0.1그램 존재합니다. 회분은 나트륨, 칼륨, 칼슘, 마그네슘, 인, 철, 아연으로 이루어져 있습니다.

원소는 주로 수소, 산소, 탄소에 단백질의 질소[N]와 황 그리고 회분(각각에 관련된 염소 등을 포함)으로 구성됩니다.

일본 특산품 중 대표적인 조미료인 '간장'

간장은 일본의 식문화의 기반이 되는 조미료로, 크게는 다섯 종류로

123　온라인 식품 성분표 「〈조미료 종류〉(식초류) 쌀 양조 식초」 참조. https://nu-coco. com/food/?code=17016

나눌 수 있습니다.[124] 밀과 대두에 누룩곰팡이를 피워서 만든 간장 누룩에 식염수를 부어서 유산균으로 발효 시킨 후, 이를 효모로 다시 발효시킨 다음 짜서 만든 특유의 풍미가 있는 흑갈색의 액체입니다. 분류된 다섯 종류 중에서 진한 맛 간장은 일본 전국 판매량의 8할 이상을 차지하고 있는 가장 일반적인 간장으로, 일본간장의 대표 격인 간장입니다.

간장 용기의 레이블에는 품질 표시[125]와 영양 성분이 표시되어 있습니다. '우리 집 간장(진한 맛)'이라는 상품의 영양 성분 레이블에는 '밥숟가락 한 큰 술(15밀리리터 정도)'의 양에 '열량 15킬로칼로리, 단백질 1.5그램, 지질 0그램, 탄수화물 2.0그램, 당질 1.9그램, 식이섬유 0.1그램, 식

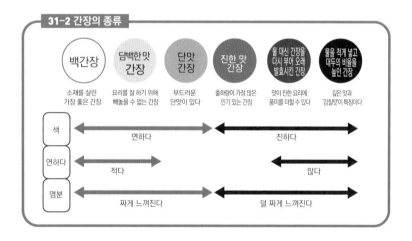

31-2 간장의 종류

백간장	담백한맛 간장	단맛 간장	진한 맛 간장	물 대신 간장을 다시 부어 오래 발효시킨 간장	물을 적게 넣고 대두의 비율을 높인 간장
소재를 살린 가장 좋은 간장	요리를 잘 하기 위해 빼놓을 수 없는 간장	부드러운 단맛이 있다	출하량이 가장 많은 인기 있는 간장	맛이 진한 요리에 풍미를 더할 수 있다	깊은 맛과 감칠맛이 특징이다

색 ←→ 연하다 / 진하다

연하다 ←→ 적다 / 많다

염분 ←→ 짜게 느껴진다 / 덜 짜게 느껴진다

124 JAS 규격(일본농림규격)에서는 진한 맛·연한 맛·물을 적게 넣고 대두의 비율을 높인 것·물 대신 간장을 다시 부어 오래 발효시킨 것·백간장 이렇게 다섯 종류로 구분했다. 일본 규슈 지역의 특산품인 단맛 간장은 진한 맛 간장의 일종이며, 설탕 등의 감미료를 더했다.

125 명칭, 원재료명, 내용량, 유통기한(품질보증기한), 보관 방법, 제조업자 등(수입품은 수입업체)의 이름 또는 명칭 및 주소가 일괄적으로 표시되어 있다.

용 소금에 해당하는 양 2.5그램'으로 기재되어 있습니다.

표시되어 있지는 않지만 미량 존재하는 성분으로는 발효 과정에서 만들어지는 알코올과 다양한 유기산이 반응해서 만들어지는 에스테르[126]가 있으며, 이 성분으로 인해 다채로운 향과 맛을 만들어냅니다. 물, 단백질과 탄수화물의 원소는 탄소, 수소, 산소, 질소, 황 그리고 식용 소금으로 나트륨과 염소를 포함합니다.

---

126   식초와 알코올에서 물을 제거해서 만들어지는 화합물의 총칭. 향기로운 냄새를 풍기는 것이 많다.

32

찻잔이나 밥그릇은 무엇으로 만들어졌을까요?

세라믹은 찻잔이나 밥그릇과 같은 '도자기'의 일종으로, 우리 주변에서도 흔히 볼 수 있습니다. 세라믹을 구성하는 원소에 대해 살펴봅시다.

삼대 재료 중 하나

우리 주변에는 다양한 물질이 있는데, 이 물질들을 구성하는 재료는 주로 세 종류로 나눌 수 있습니다. 그 재료로는 금속 재료(철강, 알루미늄 등), 유기 재료(플라스틱 등) 그리고 세라믹이 있으며, 이들을 가리켜 '삼대 재료'라고 합니다. 세라믹은 금속이나 플라스틱과 어깨를 나란히 하는 훌륭한 재료인 것입니다.

일본에서 처음으로 만들어진 세라믹 제품은 승석문 토기로, 이는 기원전 1만 6500년 전으로 거슬러 올라갑니다. 인류가 토기를 이용하기 시작한 것은 기원전 2만 년~1만 5000년 경이며, 옛날부터 사용되었던

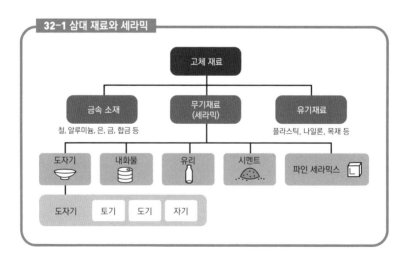

32-1 삼대 재료와 세라믹

도구들이 기본적인 모양이 바뀌지 않은 채 지금도 사용되고 있다는 것은 놀라움을 넘어선 불가사의함마저 느껴집니다.[127]

도자기의 원소

전통적인 도자기를 만드는 방식을 예로 들어 세라믹을 만드는 방법을 알아봅시다. 도자기를 만들기 위해서는 먼저 점토가 필요합니다. 점토에는 규소^{Si}의 산화물인 이산화규소나, 알루미늄^{Al}을 함유하고 있는 카올리나이트라는 광물이 포함되는 경우도 있습니다. 또한 많은 경우에 철^{Fe}도 포함됩니다. 또한 산화물을 이용하기 때문에 산소^{O}가 주성분이 됩니다.

점토에 물을 붓고 반죽해서 공기를 빼고 구우면 세라믹이 됩니다. 물의 양, 공기 빼는 정도를 가감하는 것, 굽는 횟수나 온도에 따라서도 만들어지는 품질이 달라집니다. 한 번 구워낸 상태를 질그릇이라고 하며, 승석문 토기와 같이 소위 '토기'라고 부르는 것도 이 상태에 해당합니다.

여기서 작업을 그만두면 물을 흡수하는 성질이 있는 그릇이 되기 때문에 컵처럼 물을 담는 용도에는 적합하지 않습니다. 그래서 질그릇의 표면에 규소 성분을 포함한 액체를 바릅니다. 이것을 '유약'이라고 합니다. 유약을 바른 그릇을 다시 구워내면 그릇 표면에 유리 성분의 막이 생깁니다. 이러한 과정을 거치면 그릇이 물을 흡수하는 성질을 잃

---

127   2012년에 중국 강서성의 동굴 유적에서 발견된 토기의 파편이 2만~1만 9천 년 전의 것으로 세계에서 가장 오래된 것으로 추정된다. '세계에서 가장 오래된 도자기'는 체코의 돌니 베스토니체 유적에서 출토된 비너스 상이며, 기원전 2만 9천 년~기원전 2만 5천 년에 만들어졌다고 추정하고 있다.

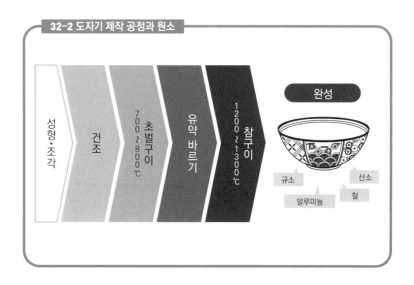

32-2 도자기 제작 공정과 원소

성형·조각 → 건조 → 초벌구이 700~800℃ → 유약 바르기 → 참구이 1200~1300℃ → 완성

규소
산소
알루미늄
철

게 됩니다. 이처럼 사용하기 편리하도록 개량한 것이 도자기입니다.

아리타 도기와 원소

일본에서 유명한 자기 중 하나로 아리타 도기를 들 수 있습니다. 아리타 도기는 일본 사가 현 아리타 마을의 특산품으로, 하얀색 자기(백자)에 붉은색, 푸른색, 초록색, 노란색과 같은 다양한 물감으로 그림을 그려서 착색시킨 것입니다.

아리타 도기에서 오랜 옛날부터 사용한 물감은 금속 산화물을 사용해 다양한 색상을 만들어냈습니다. 초록색은 구리[Cu], 푸른색은 코발트[Co], 보라색은 망가니즈[Mn], 붉은색과 노란색은 철을 사용해 착색시킵니다.

파인 세라믹스란 무엇일까요?

최근에 세라믹스는 단순한 '도자기'의 범주를 넘어서 우리 생활상의 다양한 영역에서 사용되고 있습니다. 이렇게 다양한 용도로 사용될 수 있는 것이 바로 '파인 세라믹스' 입니다.

발전하고 있는 세라믹

'세라믹'은 원래 식기 등에 사용되는 도자기를 가리키는 표현이었지만, 더 나아가서 '구워서 단단하게 만든 것'을 일반적으로 가리키는 표현이 되었습니다. 건물을 지을 때 사용하는 벽돌이나 데생용 석고상을 만드는 데 사용되는 석고 그리고 의외로 화장실 변기를 만드는 재료도 세라믹이라고 합니다.

세라믹은 첨가하는 물의 양이나 굽는 온도에 따라 품질이 달라집니다. 그렇기 때문에 '토기' 시대부터 '도자기' 시대를 거쳐 지금에 이르기까지 시행착오를 거쳐 가며 계속 발전해 왔습니다. 그리고 현대에는 화학 기술이 더욱 고도화됨에 따라 고성능 세라믹 재료가 만들어졌는데, 이를 통칭해서 '파인 세라믹스'라고 합니다.

파인 세라믹스를 구성하는 원소

파인 세라믹스는 다양한 원소에 산소^{O}나 질소^{N}을 결합한 재료로 만들 수 있습니다. 먼 옛날부터 사용되던 도자기의 주요 성분은 규소^{Si}이지만, 파인 세라믹스의 주요 성분은 알루미늄^{Al}입니다. 알루미늄의 산화물인 '알루미나'는 쉽게 파괴되지 않고, 잘 마모되지 않으며 내열성이 높은 우수한 성능으로 폭넓게 사용되고 있습니다.

33-1 주방에서 사용되는 파인 세라믹스 제품의 사례

식칼　　필러　　슬라이서　　가위　　프라이팬

【특징】가볍다, 쉽게 마모되지 않는다, 날카로움이 오래 유지된다, 쉽게 부식되지 않는다

　지르코늄^{Zr}이라는 원소의 산화물 '지르코니아'는 세라믹스 날붙이의 재료로 사용됩니다. 최근에는 금속제가 아닌 가위나 식칼을 볼 수 있는데, 이러한 것이 지르코니아로 만들어진 제품입니다. 예전에는 날붙이를 세라믹으로 만드는 것은 불가능하다고 생각했지만, 현대 화학이 이를 극복해낸 것입니다.

　세라믹은 전기회로에도 사용됩니다. 타이타늄^{Ti}과 바륨^{Ba}을 포함한 '타이타늄산 바륨'은 전기를 모아두는 성질이 뛰어나기 때문에 콘덴서라고 하는 전자 제품을 만드는 데 사용됩니다. 또한 지르코늄과 타이타늄에 납^{Pb}을 더한 '타이타늄 산 지르콘산 연'이라는 세라믹은 전기 신호를 가하면 진동을 하며, 이 성질을 이용해 진동을 시켜서 전기를 만들어낼 수 있는 재료입니다. 그래서 전자 부품에도 사용되고 있습니다.

　옛날부터 사용되어 온 규소도 질소와 합치면 파인 세라믹스 재료가 됩니다. '질화규소'는 고온에서도 강도를 잘 유지할 수 있으며 충격에 강하고, 가볍다는 특징이 있어서 엔진 부품 재료에 적합합니다.

지르코니아 [ZrO$_2$]	파인 세라믹스 중에서 가장 높은 강도와 인성(靭性)을 지니고 있다. 단결정의 경우, 날붙이에 이용되는 것 외에 보석으로 사용되기도 한다.
타이타늄산 바륨 [BaTiO$_3$]	높은 전도성을 가지고 있으며 전기를 모아두는 성질이 탁월하다. 콘덴서의 부품으로 사용된다.
질화규소 [Si$_3$N$_4$]	경도가 높고 마찰 성능이 뛰어나다. 높은 내열성을 가지고 있어서 엔진 부품에도 사용된다.

여전히 폭넓은 가능성을 지니고 있는 파인 세라믹스

파인 세라믹스는 일본 기업인 교세라의 창업자 이나모리 가즈오가 이름을 붙였다고 합니다.

열에 잘 견디고 쉽게 부서지지 않으며 전기가 통하는 것과 같은 다양한 산업 현장에서 활용될 수 있는 뛰어난 성능을 가지고 있는 세라믹 재료가 계속 개발되고 있습니다. 우리는 '파인 세라믹스의 세계'에 살고 있다고도 할 수 있겠습니다.

유리는 어떤 원소로 구성되어 있을까요?

유리는 생활에서 익숙하게 접할 수 있는 재료입니다. 지금도 용도나 상황에 맞는 다양한 유리들이 개발되고 있습니다. 유리에 사용되는 원소를 함께 살펴봅시다.

유리와 도자기는 비슷한 점이 있다

많은 종류의 유리의 주요 성분은 규소^{Si}와 산소^{O}의 화합물인 이산화규소[SiO_2]입니다. 여기에 나트륨^{Na}, 칼슘^{Ca}, 알루미늄^{Al}과 같은 산화물을 더합니다. 용도에 따라서는 더욱 특수한 금속 산화물을 사용하는 경우도 있습니다. '규소 및 금속 원소의 산화물로 구성된 물체'라는 관점에서 살펴보면, 유리와 도자기는 비슷한 재료들로 구성되어 있습니다. 그렇기 때문에 유리도 세라믹에 포함하는 경우가 많이 있습니다.

우리 주변에서 살펴볼 수 있는 유리와 관련된 화학

우리 생활에서 가장 많이 살펴볼 수 있는 유리는 '소다 석회 유리'라고 하는 유리입니다. 창문 유리나 유리병, 유리 식기에 사용되며 주요 성분은 이산화규소, 산화나트륨[Na_2O], 산화칼슘[CaO]이고, 구성비는 다음 페이지의 표와 같습니다. 이 성분들 중에서 산화나트륨(15퍼센트)이 포함되어 있기 때문에, 유리는 적절한 온도에서 부드럽게 변형되는 가공성이 좋은 재료가 됩니다. 또한 산화나트륨의 양을 더욱 늘리게 되면 더 낮은 온도에서도 변형시킬 수 있습니다.[128]

---

128 예를 들어 기원전 1400년경에 만들어진 유리 제품은 산화나트륨을 20퍼센트 정도 포함하고 있었다.

산화칼슘은 약 10퍼센트가 포함되어 있으며, 대기 중의 이산화탄소나 물로 인한 유리의 열화를 방지하는 작용을 합니다.[129] 유리는 복잡한 성분으로 구성되어 있지만, 모든 성분들이 없어서는 안 될 성분이고, 절묘하게 균형을 유지하며 혼합되어 만들어진 것입니다.

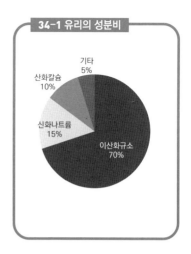

34-1 유리의 성분비

기타 5%
산화칼슘 10%
산화나트륨 15%
이산화규소 70%

특별한 유리

일반적인 유리(소다 석회 유리) 외에도 특별한 종류의 유리가 있습니다. 이산화규소가 100퍼센트로 구성된 유리를 '석영 유리'라고 합니다. 가열하더라도 부드러워지지 않고, 온도 변화에도 잘 견디며 내산성도 높은 우수한 재료로 '유리의 왕자'라는 별명을 가지고 있습니다. 이 석영 유리는 광섬유와 같은 용도로 사용됩니다.

주요 성분으로 붕소^B(산화 붕소[B_2O_3])가 사용된 유리를 '붕규산 유리'라고 합니다. 붕규산 유리 종류 중에서 잘 알려져 있는 것은 소다 석회 유리인 CaO가 B_2O_3로 변환된 파이렉스 유리입니다. 이 유리는 내열성이 높기 때문에 비커와 같은 실험용 유리 기구나 내열성 식기에 사용됩니다.

상들리에나 컷글라스(세공이나 조각을 한 유리)에 사용되는 유리는 '납유리'라고 합니다. 이름 그대로 대량의 납^{Pb}(산화납[PbO])이 포함되어 있어

---

129 지나치게 많이 넣으면 유리의 아름다움이 손상된다.

서 빛 굴절률이 크기 때문에 다이아몬드처럼 반짝거리며 빛납니다.

유리의 색을 내는 원소

유리를 사용한 미술품이라고 하면, 다채로운 색상으로 빛나는 스테인드글라스를 떠올리는 분들이 많을 것입니다. 유리에 색을 입히는 방법은 여러 가지가 있지만 전통적인 방법은 금속 원소를 미량 첨가해서 이온 발색을 활용하는 방법입니다.

착색시키는 원소와 발색되는 색상을 표로 정리해 보았습니다. 같은 원소가 다른 색을 내는 경우도 있는데, 색을 입히는 유리의 종류나 착색할 때의 가마의 상태에 따라서도 색이 바뀌기 때문입니다.

그리고 맥주병에 사용되는 갈색은 철^{Fe}을 사용해서 색을 낸 것입니다. 갈색 병은 자외선을 차단하기 때문에 빛에 접촉하면 열화를 일으키는 약품을 넣을 때 사용합니다. 맥주도 빛에 접촉하면 열화 되어 풍미가 떨어지기 때문에 갈색 병에 넣어서 판매합니다.

34-2 유리 색상과 원소

유리의 색	색을 내는 원소
빨간색	구리 (금속 콜로이드에 의한 발색)
파란색	코발트 , 구리 , 철
노란색	크로뮴 , 철
초록색	크로뮴 , 철 , 구리
갈색	철
보라색	망가니즈

플라스틱과 종이가 친척 관계라고요?

우리의 일상생활 어디에나 플라스틱이 존재한다고 말해도 과언이 아닐 것입니다. 그런데 한편으로는 '종이'도 플라스틱과 같은 '고분자'이며, 이 둘은 친척 관계입니다. 이것이 무슨 의미인지 함께 살펴봅시다.

플라스틱으로 가득한 생활

플라스틱이라는 말을 들었을 때 여러분은 무엇을 떠올리셨나요. 페트병이나 샴푸 병, 전자제품의 외장에 사용되는 단단한 플라스틱 재료가 가장 먼저 떠오를지도 모르겠습니다. 그러나 비닐봉지나 합성 섬유, 발포 스티로폼 역시 틀림없는 플라스틱입니다.

생각해 보면 우리 주변에는 각양각색의 플라스틱이 존재하고 있다는 것을 알 수 있습니다. 그러나 그 재료가 되는 주요 원소는 겨우 세 종류 정도밖에 안됩니다.

가벼운 원소가 플라스틱을 만든다

플라스틱의 주요 성분은 탄소^{C}와 수소^H 그리고 산소^{O}입니다.

이 세 원소는 각양각색의 결합 방식을 취할 수 있으며, 그렇기 때문에 다양한 특징을 가진 플라스틱이 만들어질 수 있습니다. 이러한 원소들은 원자 하나하나가 매우 가볍습니다. 그렇기 때문에 금속이나 세라믹 재료와 비교해 보면, 플라스틱이 가지고 있는 공통적인 성질 중 하나인 대단히 가볍다는 특징을 살펴볼 수 있습니다. 우리 주변의 제품들이 소형화·경량화되고 있는 이유 중 하나로 플라스틱의 보급을 들 수 있습니다.

폴리에틸렌 [$(C_2H_4)_n$]	비닐봉지 , 젖은 우산을 넣는 우산용 봉지 , 젖은 물수건을 포장하는 봉지 , 과자 포장 봉지 , 식품용 진공 팩 봉투
폴리프로필렌 [$(C_3H_6)_n$]	DVD 케이스 , 자동차 부품 , 기전제품의 외장 , 컵이나 쓰레기통과 같은 잡화 용품
폴리에틸렌 테레프탈레이트 [$(C_{10}H_8O_4)_n$]	페트병 , 비말 방지용 가림 판
아크릴 수지 [$(C_5H_8O_2)_n$]	전자부품 , 도로 표지판 , 키홀더 등

플라스틱의 의외의 친척은?

플라스틱은 '인공적'으로 만들어진 '고분자'입니다. 고분자란 같은 부분이 반복적으로 연결되며 생성되는 매우 거대한 분자를 가리키는 것으로, 마치 같은 모양의 링 부품이 반복적으로 연결되어 생성된 사슬 같은 이미지입니다. 플라스틱은 석유를 원료로 해서 인공적으로 만들어진 고분자로, 걸쭉한 액체인 석유에 화학변화를 일으켜서 만들 수 있습니다.

인공적이 아닌 '천연' 고분자도 존재합니다. 천연 고분자에는 종이를 예로 들 수 있는데, 종이는 천연 식물에서 추출한 고분자(특히 셀룰로오스)를 굳힌 것입니다. 또한 솜처럼 자연에서 얻을 수 있는 섬유 역시 천연 고분자 재료입니다. 그 밖에도 녹말이나 단백질, DNA도 천연 고분자에 속합니다.

종이나 솜도 플라스틱과 마찬가지로 탄소, 수소, 산소로 구성되어 있습니다. 다시 말해, 플라스틱과 종이는 인공 혹은 천연이라는 차이가

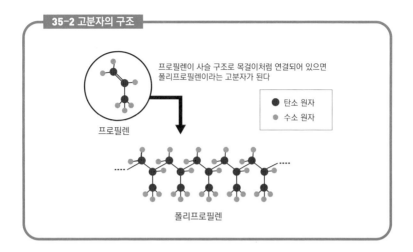

프로필렌이 사슬 구조로 목걸이처럼 연결되어 있으면 폴리프로필렌이라는 고분자가 된다

● 탄소 원자
● 수소 원자

프로필렌

폴리프로필렌

있지만 대단히 가까운 관계, 즉 친척 관계에 있는 것이라고 할 수 있습니다.

노벨상을 수상한 특수한 플라스틱

2000년의 노벨 화학상은 '전기가 통하는 플라스틱 발명'이 수상했습니다.[130]

페트병으로 시험해 보면 알 수 있듯이, 일반적인 플라스틱은 전기가 통하지 않습니다. 물론 종이도 전기가 통하지 않습니다. 그것이 고분자의 특징입니다.

그렇기 때문에 전기가 통하는 플라스틱은 상식을 뛰어넘는 발명품이었습니다. 제조 방법은 얇은 막 형태로 만든 폴리아세틸렌이라는 플라스틱에 아이오딘 가스[I_2]나 불화 비소[AsF_5]를 극미량 더하는 것이

130   미국의 맥디아미드와 히거, 일본의 시라카와 히데키가 수상했다.

었습니다. 이처럼 미량의 물질을 첨가하면 폴리아세틸렌의 전도성이 10억 배나 커져서 금속과 비슷한 정도로 전기가 통하는 플라스틱이 만들어졌습니다.

전기가 통하는 플라스틱 연구는 계속 진전되어 지금은 영상 디스플레이나 터치 패널, 전자 부품에 사용되고 있습니다. 앞으로도 여러 가지 상식을 뛰어넘는 플라스틱이 발명되어 우리의 생활에 크게 기여할 것입니다.

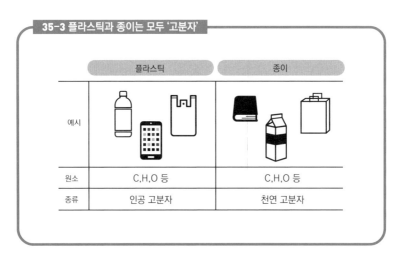

35-3 플라스틱과 종이는 모두 '고분자'

	플라스틱	종이
예시		
원소	C,H,O 등	C,H,O 등
종류	인공 고분자	천연 고분자

'빛과 색'으로
볼 수 있는 원소

36

형광등 끝부분이 검게 변하는 이유는 무엇일까요?

LED 전구 사용량이 증가했다고는 하지만, 아직까지 형광등은 조명기구 중에서 가장 일반적으로 사용되고 있습니다. 형광등은 같은 와트일 경우 백열전구보다도 훨씬 밝고, 수명도 길다는 장점이 있습니다.

형광등에 사용되는 소재

일상생활에서 흔히 사용되는 형광등은 형광 관 안에서 발생하는 자외선을 형광 물질에 접촉시켜서 눈에 보이는 가시광선으로 방사하는 램프입니다. 그러면 어떤 소재가 사용되고 있는지 알아봅시다.

형광등은 원통 모양의 유리관으로, 양 끝에 전극이 부착되어 있습니다. 전극은 텅스텐^{W}으로 만들어진 필라멘트이고, 이중 또는 삼중 코일 형태입니다. 전류를 흘려보내면 여기에서 열전자를 방출합니다. 필라멘트에는 전극의 전자 방출을 촉진하기 위한 전자 방사 물질과 도포되어 있으며, 도포하는 물질에는 바륨^{Ba}, 스트론튬^{Sr}, 칼슘^{Ca}과 같은 산화물이 사용됩니다.[131] 또한 유리관에는 비활성 기체인 아르곤^{Ar}[132]과 소량의 수은^{Hg}이 들어 있습니다. 이 수은에 열전자를 접촉시키면 자외선이 날아 흩어집니다.

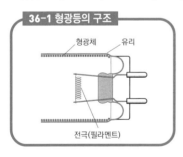

36-1 형광등의 구조

형광체　유리

전극(필라멘트)

131　이 물질들이 완전히 마모되면 전자가 방출되지 않게 되어 수명이 다하게 된다.

132　아르곤은 방전을 하기 쉽게 하고, 필라멘트의 열화를 막는 역할을 한다.

형광 도료를 통해 빛을 방출할 수 있다

형광등의 스위치를 켜면 필라멘트에서 방출된 열전자가 유리관 내의 수은 원자에 고속으로 부딪혀서 수은 원자에서 자외선이 방출됩니다.

그러나 사람이 눈으로 볼 수 있는 빛(가시광선)은 보라색과 빨간색의 사이쯤이며, 자외선은 그 바깥의 영역에 있기 때문에 눈에 보이지 않습니다.[133] 여기서 중요한 역할을 담당하는 것이 유리관 내부에 도포된 형광물질입니다. 수은 원자에서 방출된 자외선은 유리관 내벽에 발라진 형광 물질에 흡수되어 가시광선이 되고, 형광관의 바깥으로 방사됩니다. 이처럼 형광 물질을 통해 빛을 방출하기 때문에 '형광등'이라고 불립니다.

관의 내벽에 도포된 형광 물질은 '빛의 삼원색'인 빨강, 초록, 파랑으로 발광하는 세 종류의 형광체로, 외부에서 오는 빛에 자극받아서 빛을 냅니다. 형광체에는 유기 형광체와 무기 형광체가 있는데, 형광등

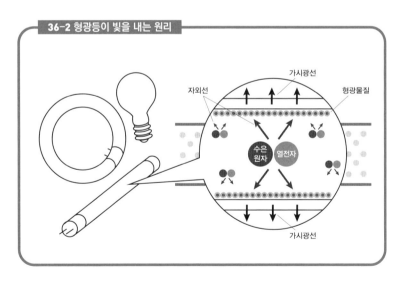

36-2 형광등이 빛을 내는 원리

가시광선
자외선
형광물질
수은 원자
열전자
가시광선

---

133 자외선은 가시광선보다 파장이 짧고, 에너지가 강하다는 특징이 있다.

'빛과 색'으로 볼 수 있는 원소

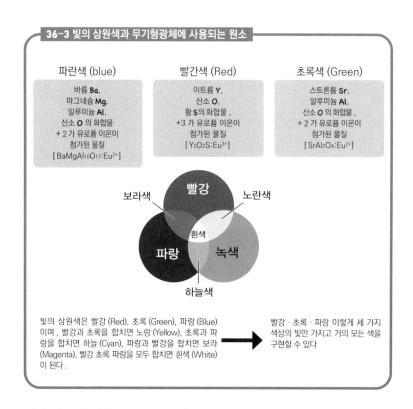

36-3 빛의 삼원색과 무기형광체에 사용되는 원소

파란색 (blue)	빨간색 (Red)	초록색 (Green)
바륨 **Ba**, 마그네슘 **Mg**, 알루미늄 **Al**, 산소 **O** 의 화합물 + 2 가 유로퓸 이온이 첨가된 물질 [BaMgAl₁₀O₁₇:Eu²⁺]	이트륨 **Y**, 산소 **O**, 황 **S**의 화합물, +3 가 유로퓸 이온이 첨가된 물질 [Y₂O₂S:Eu³⁺]	스트론튬 **Sr**, 알루미늄 **Al**, 산소 **O** 의 화합물, + 2 가 유로퓸 이온이 첨가된 물질 [SrAl₂O₄:Eu²⁺]

빛의 삼원색은 빨강 (Red), 초록 (Green), 파랑 (Blue) 이며, 빨강과 초록을 합치면 노랑 (Yellow), 초록과 파랑을 합치면 하늘 (Cyan), 파랑과 빨강을 합치면 보라 (Magenta), 빨강 초록 파랑을 모두 합치면 흰색 (White) 이 된다.

→ 빨강 · 초록 · 파랑 이렇게 세 가지 색상의 빛만 가지고 거의 모든 색을 구현할 수 있다

관을 제조할 경우 400~600℃의 가열 공정이 필요하기 때문에, 그 온도에서도 분해되지 않는 튼튼한 무기 형광체를 사용합니다.

형광등의 끝부분이 검게 변하는 이유

형광등을 오랜 기간 사용하다 보면 끝부분이 검게 변하는 것을 볼 수 있습니다. 그 이유는 무엇일까요. 검은빛을 띠는 이유에는 '아노드 반응'과 '엔드 밴드'라고 불리는 두 가지 원인이 있습니다. 아노드 반응은 전극 가까이에 발생하는 경계가 비교적 뚜렷한 검은 점을 가리킵니다. 점등 중에 전극의 필라멘트에 도포된 전자 방출 물질이 비산해서 내벽에 부착되며 발생합니다.

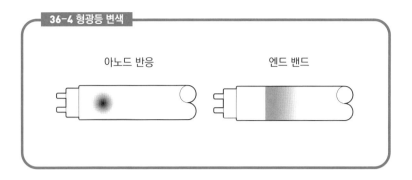

아노드 반응   엔드 밴드

엔드 밴드는 형광등 끝부분에서 몇 센티미터가 떨어진 곳에서 가운데 방향을 향해 발생하는 흑갈색을 띠는 띠 형상을 가리킵니다. 이 현상은 오랜 기간 형광등을 켜 놓으면 발생하는데, 형광등이 켜져 있을 때 전극의 전자 방출 물질이 증발하며 발생하는 미량의 가스와 수은이 화합한 것입니다. 따라서 형광등이 검게 변하는 이유는 전극의 필라멘트에 도포된 전자 방출 물질과 수은이 관련되어 있는 것입니다.[134]

134 형광등의 수은 함유량은 40와트 곧은 관 형태의 경우 1975년에는 약 50밀리그램이었지만, 2007년에는 약 7밀리그램으로 낮아졌다. 수은 함유량은 '수은에 관한 미나마타 조약'에서 규제하고 있는데, 일본에서 유통되는 상품은 규제 값 이하이기 때문에 계속해서 제조 및 판매되고 있다.

37

LED는 형광등과 어떻게 다를까요?

조명 기구는 백열전구에서 형광등으로 점차 변화해 왔으며, 최근에 널리 보급되고 있는 것은 발광 다이오드(LED)를 사용한 조명입니다. LED 조명은 어떤 원리로 빛을 내는지 살펴봅시다.

LED란 무엇일까요?

LED의 또 다른 이름은 '발광 다이오드'입니다.[135] LED는 백열전구나 형광등과는 달리 전기를 직접 빛으로 변환해서 빛을 냅니다. 그렇기 때문에 백열전구나 형광등과 비교했을 때 에너지 효율이 좋고(투입한 전기 에너지가 빛으로 변환되는 비율이 높다), 필라멘트나 전자 방출 물질처럼 소모되는 물질이 없어서 수명이 깁니다.

LED는 마이너스 전자가 큰 n형 반도체와, 전자가 부족해서 플러스 정공(홀)이 뚫려있는 p형 반도체를 합친 것입니다. 전압을 가하면 두 반도체가 접합된 곳에서 플러스(홀)와 마이너스(전자)가 결합할 때 빛 에너지가 방출됩니다. 빛 에너지는 파장이 짧을수록 크기 때문에 큰 빛 에너지를 방출하는 LED는 파장이 짧은 빛을 방출합니다. 가시광선을 가지고 설명하자면, 파장이 짧은 순서대로 자외선 > 보라 > 파랑 > 초록 > 빨강 > 적외선 순서가 됩니다.

LED에서 방출되는 빛은 반도체를 만드는 화합물에 따라 달라집니다. 가시광선의 경우, 빨강, 황록, 주황색 LED는 1990년대 이전에 실용화되었습니다. 그리고 1993년에 실용적인 청색 LED가 실용화되었고, 1995년에는 청색 LED와 동일한 재료를 사용한 녹색 LED가 실용

135　LED는 'light emitting diode'의 약자이다.

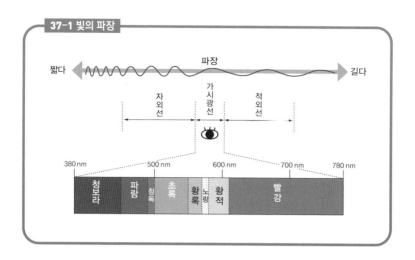

37-1 빛의 파장

짧다 ◄━━ 파장 ━━► 길다

자외선 | 가시광선 | 적외선

380 nm 500 nm 600 nm 700 nm 780 nm

청보라 | 파랑 | 청록 | 초록 | 황록 | 노랑 | 황적 | 빨강

화되었습니다. 질화갈륨 결정을 재료로 사용해서 개발된 실용적인 청색 LED는 그 공적을 인정받아 일본인이 노벨 물리학상을 수상했습니다.[136]

청색 LED가 실용화된 것은 획기적인 일이었습니다. 청색 LED의 등장으로 인류는 새로운 방법으로 밝게 빛나는 효율적인 백색광을 만들어낼 수 있게 된 것입니다.

LED 전구의 원리

LED 전구는 LED 칩(LED 결정과 형광체 등)에 전압을 걸면 빛을 내는데, 이 빛을 렌즈로 확산시켜 전구 전체가 빛나게 합니다.

---

136 아카사키 이사무, 아마노 히로시, 나카무라 슈지와 같은 많은 일본인 연구자가 청색 LED를 개발했다. 2014년에 아카사키, 아마노, 나카무라, 이 세 명이 '밝게 빛나면서 에너지 효율이 높은 백색광을 실현하는 청색 발광 다이오드 개발'로 노벨 물리학상을 수상했다.

'빛과 색으로 볼 수 있는 원소'

LED는 백열전구인 텅스텐 필라멘트처럼 고온 상태에서 표면의 텅스텐 원자가 방출되고, 결국 끊어져 수명이 다하는 일은 발생하지 않습니다. 그러나 LED 전구에서 LED 칩을 감싸고 있는 수지(플라스틱)는 열과 빛으로 인해 열화됩니다. 백열전구나 형광등과 비교했을 때 에너지 효율이 좋다고는 하지만 방출되는 에너지 중에서 빛 에너지로 변환되는 것은 30퍼센트이고, 남은 70퍼센트는 열로 변환되기 때문에 내부의 수지와 같은 LED 주변부가 열화되는 것입니다.

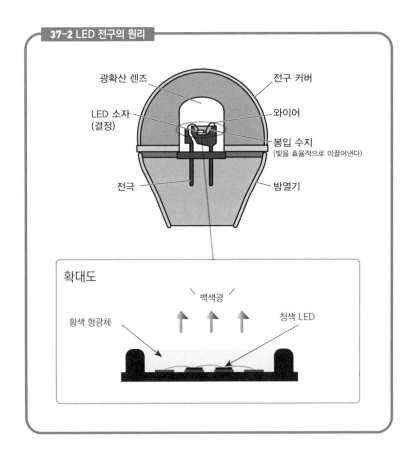

37-2 LED 전구의 원리

광확산 렌즈
전구 커버
LED 소자
(결정)
와이어
봉입 수지
(빛을 효율적으로 이끌어낸다)
전극
방열기

확대도

백색광
황색 형광체
청색 LED

LED 전구의 LED 소자를 만드는 원소

백색광을 내려면 두 가지 방법이 있습니다. 청색 LED에 형광체를 조합해서 만드는 '원 칩 방법'과 삼원색의 세 가지 LED를 조합해서 만드는 '멀티 칩 방법'[137]입니다.

현재 LED 전구에는 1996년에 개발된 LED 중에는 청색 LED만 사용하고 있으며, 청색 LED로 황색 형광체를 발광시켜서 백색을 만드는 원 칩 방식을 사용합니다. 이 방식은 청색 LED 칩의 상부에 황색 형광체를 부착하는데, 사람의 눈에는 청색 빛과 황색 빛이 혼합되면 흰색으로 보이게 됩니다.

원 칩 방법에서 일반적으로 사용되는 것은 산화알루미늄[Al_2O_3]를 기반으로 자외선, 파랑, 초록과 같이 폭넓은 빛을 내뿜는 인듐갈륨 질소[$InGaN$] 계열의 LED입니다. 그리고 알루미늄 산 이트륨[$Y_3Al_5O_{12}$]에 활성제로 세륨[Ce]을 첨가한 산화물 형광체를 노랑으로 발광시킵니다.[138] 일반적인 LED 전구의 LED 칩에는 기판에 알루미늄[Al], 산소[O]가 사용되며, 청색 LED에는 인듐[In], 갈륨[Ga], 질소[N], 황색 형광체에는 알루미늄, 이트륨[Y], 산소, 세륨이 사용됩니다.

---

137 멀티 칩은 액정 패널 등에도 사용된다.

138 원 칩 방식은 그 밖에 자외 LED와 RGB 형광체를 사용하는 것도 있다.

빛과 색으로 볼 수 있는 원소

38

네온사인은 어떤 원리로 빛을 낼까요?

비활성 기체 중 하나인 네온은 저압에서 방전하면 아름다운 붉은색으로 빛납니다. 그래서 네온사인에 이용됩니다. 가장 눈에 띄는 붉은색 네온 이외에 어떤 원소들이 사용되고 있는지 살펴봅시다.

네온관과 네온사인의 역사

비활성 기체는 상온·상압 상태에서는 무색이지만 0.01~0.1기압 정도로 압력이 낮은 상태에서 유리관에 삽입한 후, 관 내부에 전극 한 쌍을 넣고 전압을 가하면 빛을 냅니다. 이것이 소위 말하는 네온관입니다. 그리고 이 네온관을 조합해서 네온사인을 만듭니다. 네온^{Ne}이 들어간 네온관은 가장 밝게 붉은색으로 빛납니다. 네온관이라고 표현하지만 실제로는 빨간색 또는 분홍색이나 오렌지색에만 네온이 들어가 있습니다.

1907년에 프랑스의 클로드는 냉각시켜 액체로 만든 공기에서 아르곤^{Ar}과 네온을 대량으로 획득하는 방법을 발견했고, 3년 후인 1910년에 네온을 삽입한 네온관을 발명했습니다. 파리의 몽마르트르 거리에 있는 작은 이발소에서 1912년에 세계 최초로 네온을 사용한 네온사인 광고를 사용했습니다.[139]

네온사인에 사용되는 비활성 기체

네온사인에서 중심이 되는 것은 선명한 붉은색을 방출하는 네온입니

139　『일본의 네온』(네온 편찬 위원회, 1977년 발행)에 따르면 일본에서 처음으로 네온사인을 점등한 것은 1918년 도쿄 긴자 일 번가의 다니자와 가방 가게(현재 긴자 다니자와)에서였다.

다. 네온은 공기 중에 18.2ppm이 포함되어 있으며, 비활성 기체 중에서는 아르곤 다음으로 많이 존재합니다. 아르곤은 건조한 공기에서 질소[N], 산소[O] 다음으로 많이 포함되어 있는데, 약 1퍼센트 가까이 포함되어 있습니다.

아르곤을 넣은 네온관은 보라색 계통의 빛을 방출합니다. 또한 아르곤과 가스 형태의 수은[Hg]을 삽입하고, 관 내부에 형광 물질을 도포하면 밝은 흰색 빛이나 파랑, 녹색 빛을 낼 수 있습니다.[140] 짙은 색 빛을 내고 싶은 경우에는 색이 입혀져 있는 유리관을 사용합니다. 비활성 기체 중에는 그 밖에도 헬륨[He]이 노란색을, 크립톤[Kr]이 황록색을 방출합니다.

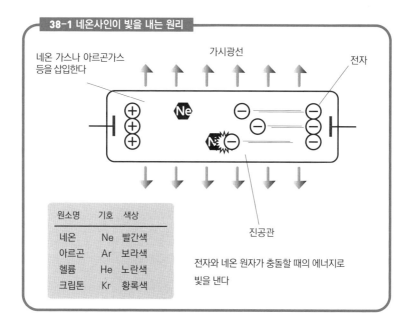

38-1 네온사인이 빛을 내는 원리

네온 가스나 아르곤가스 등을 삽입한다

가시광선

전자

진공관

전자와 네온 원자가 충돌할 때의 에너지로 빛을 낸다

원소명	기호	색상
네온	Ne	빨간색
아르곤	Ar	보라색
헬륨	He	노란색
크립톤	Kr	황록색

---

140 '36·형광등 끝부분이 검게 변하는 이유는 무엇일까요?' 참조.

'빛과 색으로 볼 수 있는 원소'

39

야광 도료는 어떤 원리로 빛을 내는 걸까요?

우리가 흔히 볼 수 있는 '빛을 내는 물체'의 대부분은 전기 에너지를 사용해서 빛을 내지만, 알람시계의 바늘 등에 사용되는 야광 도료는 전기가 없어도 빛을 냅니다. 과연 어떤 원리로 빛을 내는지 알아봅시다.

어디에서 에너지를 얻는 것일까요?

빛을 낸다는 것은 다시 말해 에너지를 방출한다는 것입니다. 아무것도 없는 상태에서 '에너지'를 생산해 낼 수는 없기 때문에 어딘가에서 에너지를 받고, 그 에너지를 방출해서 빛을 내는 것입니다. 야광 도료는 밝은 낮 시간에 받은 빛 에너지를 천천히 방출해서 밤 동안에도 빛을 내는 것입니다.

에너지를 받고 방출하기까지 타임래그(시간차)가 발생하기 때문에 도료는 빛을 축적하고 있는 것처럼 보입니다. 그렇기 때문에 이러한 원리로 빛을 내는 야광 도료는 '축광 도료'라고도 불립니다. 축광 도료는 전력이 없이도 빛을 내기 때문에, 재해가 발생했을 때의 피난 유도용

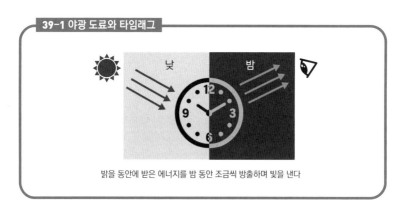

39-1 야광 도료와 타임래그

낮 밤

밝을 동안에 받은 에너지를 밤 동안 조금씩 방출하며 빛을 낸다

광원 혹은 시곗바늘이나 문자판처럼 전력 공급이 쉽지 않은 곳에도 사용할 수 있습니다.[141]

희토류 원소가 사용되다

일본의 네모토 특수 주식회사에서 1993년에 개발한 'N 야광(루미노바)'이라는 상품은 기존 제품들보다 더 밝게 빛나며, 더 오래 빛을 낼 수 있는 뛰어난 축광 도료입니다.[142] 이러한 특성을 지닐 수 있는 비결은 희토류 원소를 이용한 것이었습니다. 이 도료는 알루미늄 산 스트론튬 [$SrAl_2O_4$]에 미량의 유로퓸[Eu]과 가돌리늄[Gd]을 더해서 만들어집니다.

과거에 사용된 야광 도료

옛날에는 방사능을 함유하고 있는 라듐[Ra]을 사용해서 빛을 내는 야광 도료도 있었습니다. 1917년에 생산되기 시작한 이 도료는 라듐 원자가 방출하는 방사선 에너지를 이용해 빛을 내기 때문에 지금의 도료와는 빛을 내는 원리에서 큰 차이가 있었습니다. 이 야광 도료는 방사성 물질의 방사능이 약해지기까지 몇 년 동안 계속 빛을 낸다는 장점이 있습니다. 그러나 방사능을 계속 방출한다는 치명적인 결점이 있었기 때문에, 미국에서는 공장에서 야광 도료를 도포하던 많은 여성 노동자들이 방사선에 중독되었습니다.[143] 이러한 이유로 지금은 규제 대상이 되었으며, 더 이상 라듐을 사용한 야광 도료를 사용하지 않습니다.

---

141   이 밖에도 액세서리나 매니큐어 같은 패션 제품의 소재에도 사용된다.

142   그리고 날씨의 변화에도 잘 견디기 때문에 옥외에서 사용할 수 있다.

143   노동자의 권리를 위해 법정에서 투쟁한 여성 노동자들은 '라듐 걸즈'라고 불리며 주목을 끌었다.

'빛과 색으로 볼 수 있는 원소

40

화약의 색깔은 어떻게 만들어지는 것일까요?

여름의 명물이라고 하면 불꽃놀이를 빼놓을 수 없습니다. 여름이 되면 전국 각지에서 불꽃놀이가 개최됩니다. 불꽃의 색상은 여러 종류의 원소들이 합쳐져 만들어지는 것으로, 하늘에 아름다운 빛을 수놓습니다.

일본에서 쏘아 올린 불꽃놀이의 역사

지금 세계 곳곳에서는 여름철에 밤하늘을 아름답게 수놓는 불꽃놀이를 즐깁니다. 이러한 불꽃놀이의 발상지는 중국입니다. 9세기경에 흑색 화약이 발명된 후, 무기에 사용되는 것 외에도 축제를 위해 화약의 폭발음을 사용했다고 합니다. 흑색 화약은 질산칼륨, 황, 목탄 이렇게 세 가지 성분을 혼합해서 만듭니다.

흑색 화약은 유럽에서 19세기 중순까지 무기에 사용했으며, 일본에서는 1543년에 철포가 다네가시마에 들어왔을 때 전해졌습니다. 일본에서 불꽃놀이를 쏘아 올리기 시작한 것은 에도 시대 무렵이며, 불꽃놀이를 할 때는 지금도 흑색 화약을 사용합니다.[144]

불꽃놀이용 불꽃은 '구슬'이라고 하는 종이 재질의 구체에 '별'이라고 하는 화약 구슬을 채워 넣은 후, 이것을 화약을 사용해서 쏘아 올립니다. 쏘아 올릴 때 도화선에 점화를 하고, 하늘 높이 올라가면 도화선에서 구슬 내부에 있는 별 구슬을 쏘아내기 위한 화약에 불이 붙어 '구슬'이 파열되고 '별'이 날아 흩어집니다.

'별'이 흩어질 때 스트론튬^{Sr}이나 나트륨^{Na}과 같은 금속 원소 화합물

144 　일본 에도시대의 불꽃놀이는 지금처럼 다양한 색상이 아니었고, 화화(和火)라고 불리는 불꽃 색상과 황을 연소한 어두운 파란색뿐이었다.

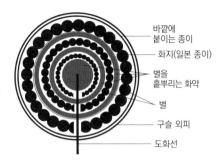

40-1 불꽃놀이용 화약의 단면과 불꽃 반응을 일으키는 원소

바깥에
붙이는 종이

화지(일본 종이)

별을
흩뿌리는 화약

별

구슬 외피

도화선

불꽃놀이용 불꽃 화약의 단면

별 : 불꽃의 빛을 낸다. 화약과 금속 원소의 화합물
별을 흩뿌리는 화약 : 별을 사방팔방으로 흩뿌리기 위한 화약
구슬 외피 : 불꽃 부품들을 넣기 위한 골판지 재질의 용기

원소명	기호	색
리튬	Li	심홍색
나트륨	Na	노란색
칼륨	K	엷은 보라색
세슘	Cs	청자색
칼슘	Ca	오렌지색
스트론튬	Sr	짙은 빨간색
바륨	Ba	황록색
구리	Cu	청록색
붕소	B	황록색

이 불꽃 반응을 일으켜 색을 만들어내며, 알루미늄^{Al}이나 마그네슘^{Mg}의 금속 분말을 사용해 백색 빛을 더 강하게 만듭니다. 화약의 색이 순서에 따라 달라지는 것은 별 화약이 여러 개의 층으로 구성되어 있고, 차례대로 연소되기 때문입니다.

불꽃놀이의 색을 내는 금속 원소

특정 금속원소를 포함한 물질을 고온으로 가열하면 원소의 종류에 따라 다양한 색상의 빛이 발산됩니다. 이 현상을 불꽃 반응이라고 합니다. 빨간색은 스트론튬 화합물(질산스트론튬, 탄산 스트론튬 등), 녹색은 질산바륨, 염소산바륨 등으로 만들 수 있습니다. 노란색은 나트륨 화합물을 사용하는데, 주로 사용하는 것은 옥살산 나트륨입니다.[145] 파란색은 주

---

145 염화나트륨은 습기에 약하기 때문에 사용할 수 없다.

'빛과 색'으로 볼 수 있는 원소

로 구리^{Cu}의 화합물(탄산염, 황산염 등)로 만듭니다.[146]

그리고 불꽃놀이에서 흰색으로 반짝거리는 빛은 불꽃 반응을 이용한 것이 아닙니다. 이 빛을 내기 위해서는 주로 알루미늄, 마그네슘, 타이타늄^{Ti} 등의 금속 분말을 사용합니다. 이러한 금속들은 불꽃에 혼합된 산화제와 반응해 격렬하게 연소되어 산화물이 될 때 대량의 열을 방출합니다. 그 결과, 이 미립자들은 대단히 높은 온도[147]가 되어 흰색으로 빛나게 되는 것입니다.

일상생활에서 볼 수 있는 불꽃 반응

불꽃 반응은 우리 주변에서도 볼 수 있습니다. 된장국이 끓어넘치면 가스레인지의 불꽃이 오렌지색으로 바뀌는 현상이 발생합니다. 이 현상은 된장국의 염분(염화나트륨)에 포함되어 있는 나트륨의 불꽃 반응입니다.

가정에 있는 물체를 사용해서 보기 드문 녹색 불꽃을 볼 수도 있습니다. 바로 랩과 같은 폴리염화비닐(염화비닐) 제품을 사용하는 것입니다(랩 소재는 주로 폴리염화비닐리덴입니다). 길이 20센티미터 정도의 구리철사(피복이 없는 구리 선)을 준비해서, 앞부분을 펜치로 둥글게 말아둡니다. 그다음 가스레인지에 불을 켜고 구리철사의 끝부분을 불꽃에 가까이 가져다 대고 붉어질 때까지 가열합니다. 끝부분이 붉게 가열된 철사를 가스레인지에서 꺼낸 후, 식품 보관용 랩이나 지우개와 같은 염화비닐 제품에 꾹 눌러줍니다. 그다음 철사 끝부분을 다시 불꽃에 가져다 댑니다. 그러면 가스의 원래 불꽃과는 다른 녹색 불꽃을 보게 될 것입

---

146 빨강, 초록, 노랑, 파랑 이외의 색상은 여러 화합물을 혼합해서 만들어낸다. 예를 들어, 스트론튬과 구리 화합물을 혼합해서 보라색을 만들 수 있다.

147 3천℃ 정도까지 올라간다고 한다.

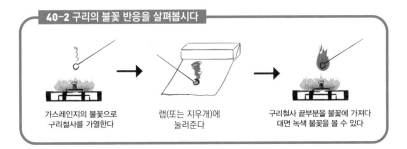

40-2 구리의 불꽃 반응을 살펴봅시다

가스레인지의 불꽃으로
구리철사를 가열한다

랩(또는 지우개)에
눌러준다

구리철사 끝부분을 불꽃에 가져다
대면 녹색 불꽃을 볼 수 있다

니다.

가열한 구리는 염소와 반응해서 염화구리로 변합니다. 철사 끝부분에 아주 조금 발생한 염화구리를 불꽃에 가져다 대면, 염화구리에 포함된 구리가 불꽃 반응을 일으키는 것입니다.[148]

터널의 노란색 조명

도로의 터널 조명으로는 나트륨램프 조명을 사용합니다. 이 조명은 나트륨 증기 내부에 방전을 해서 빛을 내는 따뜻한 분위기의 오렌지 색상 램프입니다. 에너지 효율이 좋고, 도로·공장·상업 시설처럼 에너지를 효율적으로 사용해야 하는 곳에서 광원으로 널리 보급되어 있습니다.[149]

나트륨램프가 오렌지빛을 띠는 원리는, 기본적으로 나트륨 화합물의 불꽃 반응과도 같은 원리입니다. 높은 에너지 상태의 나트륨 원자가 에너지가 낮은 안정적인 상태로 떨어질 때 오렌지색 파장의 빛을 방출하는 것입니다.

148 이 방법은 플라스틱이 염소계인지의 여부를 분류하는 데 사용되고 있다.

149 나트륨램프의 빛은 스모그에 대한 투과성이 좋으며, 눈이 덜 피로하게 만드는 것이 특징이다.

루비와 사파이어는 같은 보석일까요?

인류는 예로부터 루비, 사파이어, 에메랄드, 다이아몬드와 같은 아름다운 보석에 매료되었습니다. 이러한 보석의 아름다움을 원소의 관점에서 살펴보도록 합시다.

루비와 사파이어는 같은 보석이다

위에 언급된 네 가지 보석 중에서 루비와 사파이어는 둘 다 '커런덤'이라고 하는 동일한 광물입니다. 이 두 보석은 각각 붉은색과 푸른색으로 완전히 다른 색상을 띠는데, 대체 어떻게 된 것일까요.

커런덤은 산화알루미늄[Al_2O_3]이라는 물질로, 순수한 상태일 때는 무색투명합니다. 그러나 여기에 미량의 불순물이 혼합되면 색상이 변하게 됩니다. 루비는 미량 혼합된 크로뮴[Cr]에 의해서 붉은색을 띠고, 사파이어는 미량의 타이타늄[Ti]이나 철[Fe]에 의해 푸른색을 띱니다.

보석의 구조와 색상

보석은 '구조를 구성하는 원소'와 '색상을 내는 원소'로 나누어 생각하면 이해하기가 쉽습니다. 구조를 구성하는 원소가 같더라도 색상을 내는 원소가 다르다면(다시 말해 외관이 크게 다르다면) 이 둘은 다른 보석이라고 간주됩니다. 많은 경우 색상은 불순물로 혼합되는 금속 원소에 의해 결정됩니다.[150] 그러나 색을 내는 원소가 없는 보석도 있습니다. 다이

---

150 그다지 흔하지는 않지만 금속원소가 아닌 원소가 발색을 내는 경우도 있다. 잘 알려진 것 중 하나는 아름다운 푸른색의 라피스라줄리인데, 라피스라줄리를 그림물감으로 사용한 것이 울트라마린이다. '43·색깔은 어떤 원소로 구성되어 있을까요?' 참조.

보석	색상	구조를 결정하는 원소	색을 내는 원소
루비	빨강	알루미늄, 산소(커런덤)	크로뮴
사파이어	파랑		타이타늄, 철
핑크 사파이어	분홍		크로뮴
바이올렛 사파이어	보라		바나듐
에메랄드	초록	베릴륨, 알루미늄, 규소, 산소(베릴)	크로뮴, 바나듐
아콰마린	파랑		철
헬리오도르	노랑		철
수정	-	규소, 산소(석영)	-
자수정	보라		철
연수정	검정		알루미늄
라피스라줄리	파랑	규소, 산소, 나트륨 (규소산 나트륨)	황
다이아몬드	-	탄소(다이아몬드)	-

아몬드가 바로 전형적인 예시이며, 구조를 구성하는 원소는 탄소이지만 불순물을 포함하고 있지 않기 때문에 무색입니다.[151]

다양한 보석의 색과 관련된 심화 설명

보석의 색에는 여러 가지 복잡한 것들이 관련됩니다. 루비와 에메랄드는 모두 크로뮴으로 색상이 결정되지만, 각각의 보석의 색상은 붉은색과 녹색으로 크게 차이가 납니다. 그러한 차이가 나는 이유는 광물의 종류가 에메랄드는 베릴[152]이고, 루비는 커런덤이기 때문입니다.

아콰마린과 헬리오도르는 둘 다 베릴에 미량의 철이 혼합된 것이지만 색상은 파란색과 노란색으로 크게 차이가 납니다. 그 이유는 철의

---

151 빛 굴절에 뛰어나기 때문에 특별한 색을 내지 않아도 아름다워서 인기가 있다.

152 베릴은 베릴륨과 알루미늄을 주성분으로 하는 육각기둥 형태의 광물이다.

이온 상태가 다르기 때문입니다.[153] 핑크 사파이어라는 보석은 커런덤에 크로뮴이 혼합되어 분홍색을 띱니다. 조합 방법은 루비와 완전히 동일하지만, 이 두 보석은 함유하고 있는 크로뮴의 양에 차이가 있습니다. 루비에는 미량의 크로뮴이 함유되어 있지만, 그보다도 더욱 적은 양이 포함되면 붉은색이 더 약해져 분홍색이 되고, 이름이 바뀌어서 핑크 사파이어로 불리게 됩니다.

41-2 핑크 사파이어의 색상

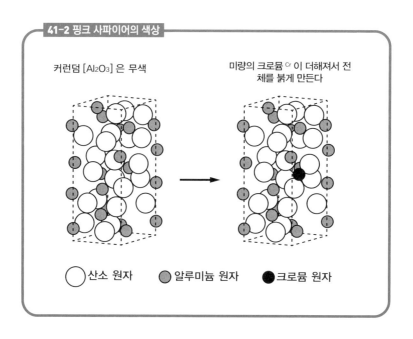

커런덤 [Al₂O₃] 은 무색

미량의 크로뮴 Cr 이 더해져서 전체를 붉게 만든다

◯ 산소 원자　　◯ 알루미늄 원자　　● 크로뮴 원자

---

153 아콰마린은 2가 철 이온, 헬리오도르는 3가 철 이온으로 색을 낸다.

42

문어와 오징어의 피는 왜 푸른색일까요?

우리는 상처를 입으면 붉은 피가 흘러나오지만, 문어나 오징어의 혈액은 놀랍게도 푸른 색을 띠고 있습니다. 이건 과연 어떻게 된 일일까요.

철은 혈액을 붉게 만든다

혈액이 붉은색을 띠게 만드는 물질은 '적혈구'라고 불리는 혈액 세포 입니다. 적혈구는 물 풍선 같은 봉지 형태이며, 안에는 헤모글로빈이라 고 하는 단백질이 많이 들어 있습니다. 헤모글로빈의 일부분에는 '헴' 이라고 불리는 구조가 있으며, 이 구조가 붉은색을 띠게 만듭니다. 다 시 말해 헴이 있기 때문에 적혈구가 붉은색을 띠는 것이며, 따라서 혈 액도 붉은 것입니다.

헴은 유기물로 구성되어 있고, 이 구조의 중심에 철^{Fe} 원자가 있는 특수한 형태로 되어 있습니다. 이 철이 혈액을 붉게 만드는 것입니다.

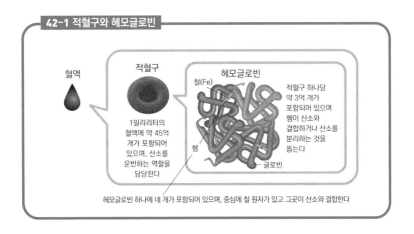

42-1 적혈구와 헤모글로빈

혈액

적혈구

헤모글로빈

철(Fe)

헴

글로빈

1밀리리터의 혈액에 약 45억 개가 포함되어 있으며, 산소를 운반하는 역할을 담당한다

적혈구 하나당 약 3억 개가 포함되어 있으며 헴이 산소와 결합하거나 산소를 분리하는 것을 돕는다

헤모글로빈 하나에 네 개가 포함되어 있으며, 중심에 철 원자가 있고 그곳이 산소와 결합한다

'빛과 색으로 볼 수 있는 원소

모든 척추동물들은 기본적으로 적혈구를 가지고 있기 때문에 포유류나 어류의 혈액은 모두 붉은색을 띱니다.

산소를 운반하는 철

적혈구는 몸속에서 산소를 운반하는 세포입니다. 호흡을 통해 흡입된 산소는 폐를 통해 혈액 속으로 이동하며, 더 나아가 적혈구 안으로 들어가서 헴의 철 원자와 결합합니다. 산소는 헴과 결합한 상태로 동맥 혈관을 타고 흘러서 심장에서부터 몸 구석구석까지 운반되고, 필요한 곳에 도착한 다음에 헴이 산소를 놓아줍니다. 이렇게 산소를 가지고 있지 않은 상태가 된 헴을 실은 혈액은 이번에는 정맥 혈관을 타고 흘러서 심장으로 이동하고, 다시 폐로 향합니다.

산소와 결합한 헤모글로빈은 선명한 붉은색을 띠고 있으며, 산소를 놓아준 헤모글로빈은 어두운 적갈색을 띱니다.[154] 이처럼 몸의 구석구석까지 산소를 운반하기 위해 철은 없어서는 안 될 중요한 역할을 하고 있는 것입니다.[155]

문어나 오징어는 '구리'로 산소를 운반한다

그러면 문어나 오징어의 혈액은 어떨까요. 문어나 오징어의 혈액 속에

---

154 우리가 가벼운 상처를 입었을 때 흘러나오는 피는 정맥을 타고 흐르는 혈액으로, 산소를 놓아준 상태의 어두운 적갈색을 띠고 있다.

155 철분을 많이 포함하고 있는 식품으로는 간, 붉은 육류, 어패류, 대두, 채소, 해조류 등이 있다. 신체 곳곳에 산소를 원활히 공급하기 위해서는 이러한 식품을 통해 철분을 섭취할 필요가 있다.

는 적혈구가 없습니다. 그 대신에 혈액에 산소를 공급하기 위해 혈액 속에 '헤모시아닌'이라는 단백질을 가지고 있습니다. 헤모시아닌은 헤모글로빈과 마찬가지로 산소와 결합하기도 하고 산소를 놓아주기도 하면서 몸속에 산소를 운반하는데, 산소와 결합하는 부분이 철이 아니라 구리^{Cu}라는 점에 차이가 있습니다.

헤모시아닌은 산소와 결합하면 푸른색이 됩니다. 그렇기 때문에 살아있는 문어나 오징어의 몸속에서 산소를 운반하고 있는 혈액은 푸른색을 띕니다. 그러나 우리가 흔히 볼 수 있는 식용 오징어는 잡힌 후에 시간이 지났기 때문에 혈액 속의 헤모시아닌에서 산소가 이미 분리되었습니다. 산소와 결합하고 있지 않은 헤모시아닌은 무색투명하므로, 우리가 문어나 오징어의 푸른 혈액을 보기란 쉽지 않습니다.

다양한 생물들과 다양한 산소 운반 방법

헤모글로빈과 헤모시아닌 외에도 예를 들어 지렁이와 같은 환형동물이 가지고 있는 클로로크루오린이나, 바다에 살고 있는 무척추동물에게서 볼 수 있는 헤메리트린이라고 하는 산소 운반 단백질이 있습니다. 생물은 자신의 생활환경에 맞게 다양한 단백질을 구분해서 산소를 운반하고 있습니다.[156]

---

[156] 1950~1970년대에 멍게의 피 속에 있는 바나듐 단백질인 '헤모바나딘'이 산소 운반 단백질일 가능성에 주목했으며, 생화학적인 연구가 많이 이루어졌다. 그러나 지금은 헤모바나딘이 무엇을 위한 단백질인지는 명확하지 않지만, 적어도 산소 운반 능력은 없다는 것이 밝혀졌다.

'빛과 색으로 볼 수 있는 원소

색깔은 어떤 원소로 구성되어 있을까요?

인류는 옛날부터 그림물감을 사용해 다양한 색상의 그림을 그렸습니다. 이 장에서는 관점을 조금 바꿔서, 원소의 관점으로 그림물감과 그림에 대해 살펴보도록 합시다.

그림물감이란 무엇일까요

그림물감은 '착색재(색을 내는 원료)'와 '전색재'를 혼합해서 만듭니다. 전색재란 색재를 그림용 종이나 천에 고정하는 접착제를 의미합니다. 사용하는 색재는 동일하더라도 전색재로 무엇을 사용하느냐에 따라 수채화 물감, 유화 물감, 색연필, 크레파스처럼 다양한 재료들로 나눠집니다.

색재는 '염료'와 '안료'로 나눌 수 있습니다. 염료는 물이나 기름과 같은 용제에 녹는 것이고, 안료는 용제에 녹지 않는데 그림물감에는 오직 안료만 사용됩니다. 염료는 기본적으로 유기화합물이며, 주로 탄소^C, 수소^H, 산소^O, 질소^{N}로 구성되어 있습니다. 안료는 금속 원소를 포함하고 있는 무기화합물이 사용되는 경우도 많고, 안료보다 다양한 원소들이 사용됩니다.

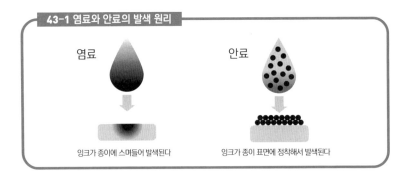

43-1 염료와 안료의 발색 원리

염료

안료

잉크가 종이에 스며들어 발색된다

잉크가 종이 표면에 정착해서 발색된다

안료에 사용된 원소

고대부터 인류는 다양한 안료를 사용했습니다. 붉은색을 내기 위해서는 수은^{Hg}이나 납^{Pb}, 철^{Fe} 같은 산화물이나 황화물을 사용했습니다. 일본의 신사를 건축할 때 사용되는 붉은색은 거의 대부분 이 세 종류 중 하나를 사용합니다. 푸른색은 구리^{Cu}나 코발트^{Co}를 사용하는 경우가 많으며, 그 밖에는 철이나 칼륨^{K}의 화합물인 프러시안블루[157]나 바나듐^{V}이 들어간 터쿼이즈블루, 황^{S}으로 발색하는 울트라마린[158] 등이 있습니다.

초록색은 파란색과 마찬가지로 구리 화합물을 사용합니다. 또한 비리디언이라고 하는 안료는 크로뮴^{Cr}으로 색을 냅니다. 노란색은 카드뮴^{Cd}이나 비스무트^{Bi}, 크로뮴처럼 독특한 원소를 사용해 색을 냅니다.[159] 흰색에는 타이타늄^{Ti}, 지르코늄^{Zr}, 아연^{Zn} 산화물이나 알루미늄^{Al} 혹은 납의 수산화물을 사용합니다.

검은색의 안료 중에서 가장 유명한 것은 탄소를 사용한 카본 블랙입니다. 이 안료를 물에 섞은 것이 서예를 배울 때 사용하는 먹물이며, 동양권 사람들에게 친숙한 안료입니다.

시대의 흐름에 따라 사라진 안료들

안료 중에는 옛날에는 큰 인기를 끌었지만 최근에는 위험성 때문에 사

---

157 프러시안블루는 일본 에도시대의 우타가와 히로시게나 가쓰시카 호쿠사이의 우키요에(역주:일본의 무로마치시대부터 에도시대 말기에 서민생활을 기조로 하여 제작된 회화의 한 양식)에 사용되었다. 이 안료는 후에 탈륨 중독의 해독 약으로도 사용된다. '25·비소가 없었던 시대의 독의 부산물 탈륨'을 참조.

158 울트라마린을 사용한 유명한 그림 중에 베르메르의 '진주 귀고리를 한 소녀'가 있다.

159 크로뮴 옐로를 사용한 유명한 그림 중에는 고흐의 '해바라기'가 있다. 이 작품의 노란색에는 녹색을 띤 어두운 부분도 있는데, 이것은 크로뮴 옐로의 일부분이 시간이 지남에 따라 열화 되어 녹색 안료인 비리디언으로 화학 변화를 일으켰기 때문이다.

용이 금지된 것들이 있습니다. 1800년대 유럽에서 유행한 '파리스 그린'이라는 녹색 안료는 구리를 사용한 발색이 아름다워서 큰 인기를 끌었지만, 비소^{As}를 다량 포함했기 때문에 사용이 금지되었습니다.[160]

일본 헤이안 시대부터 사용된 화장도구 '오시로이(백분)'는 납 화합물의 백색 안료입니다. 메이지 시대에 납 중독이 문제가 되어 대체품이 개발되면서 더 이상 사용하지 않게 되었습니다.[161]

지금 이용되고 있는 안료들 중에서도 크로뮴, 카드뮴, 납, 수은 등을 포함하고 있는 것은 환경이나 안전성 측면에서 이용을 삼가려는 움직임이 있습니다. 앞으로 시간이 흐름에 따라 더는 사용되지 않는 안료가 생길 수도 있습니다.

안료의 용도는 그림물감뿐만이 아니다

그림 도구 이외에도 안료에는 다양한 용도가 있는데, 예를 들어 플라스틱을 착색할 때도 안료를 사용합니다. 플라스틱의 자체 색상은 흰색이나 무색투명하지만, 성형하기 전 단계에서 안료를 투입해 다양한 색상의 제품을 만들 수 있습니다. 복사기에서 사용하는 인쇄용 잉크도 안료를 사용해 색을 내는 것입니다. 인쇄물은 손에 접촉할 경우가 많기 때문에 안전성을 고려해 유기 안료를 사용합니다. 이처럼 안료는 다방면에서 사용되고 있으며, 용도에 따라 다양한 종류가 개발되고 있습니다.[162]

---

160   비소의 독성에 관해서는 '24·체내에 존재하지만 독이 될 수도 있는 비소' 참조.

161   납의 독성에 관해서는 '19·연금술과 독성에 농락당한 수은과 금' 참조.

162   『색과 안료의 세계』(안료 기술 연구회 편찬, 산교 출판, 2017)에 게재된 수는 229종류이다.

'쾌적한 생활'에서
찾아보는 원소

전선에는 구리를 사용하는데, 고압송전선에는 무엇을 사용할까요?

일상생활에서 사용하는 전선에는 금속 중에서 두 번째로 전류가 잘 통하는 구리를 사용합니다. 한편, 고압송전선에는 알루미늄을 사용합니다. 왜 서로 다른 물질을 사용하는 것인지 알아봅시다.

금속의 저항률

전기 기구나 멀티 탭의 전류가 흐르는 부분(도선)에는 금속이 사용됩니다. 금속을 도선에 사용하는 이유는 전류가 흐르기 쉽기 때문입니다. 그렇기는 하지만, 금속의 종류에 따라 전류가 흐르기 쉬운 정도에 차이가 있습니다.

금속의 저항은 도체의 길이에 비례하며, 단면적에 반비례합니다. 길이와 단면적(두께)이 같은 두 개의 도선을 생각해 봅시다. 예를 들어, 하나는 구리^{Cu}인 도선이고 다른 하나는 알루미늄^{Al}인 도선에 같은 전압을 걸면 구리 선보다 알루미늄선에 더 작은 전류가 흐릅니다. 같은 크기의 도선에 서로 다른 재료를 사용하면 서로 다른 저항(Ω)을 가집니다. 그러므로 저항률(혹은 비저항. 단위는 Ω·m) 값이 작을수록 전류가 흐르기 쉬워집니다.[163]

표 44-1은 온도가 20℃일 때 저항률이 작은 금속 순위를 나타낸 것인데, 가장 전류가 잘 흐르는 금속은 은이라는 것을 알 수 있습니다.

---

163 도선의 길이를 L[m], 단면적을 S[m²]라고 하고 저항 R[Ω]은 저항률을 ρ('로'라고 읽음)로 하면 다음 식과 같이 된다. $R = \rho \dfrac{L}{S}$

	금속	저항률 ρ ($\Omega \cdot$ m) 20℃
1	은	1.59×10^{-8}
2	구리	1.68×10^{-8}
3	금	2.44×10^{-8}
4	알루미늄	2.65×10^{-8}

전선과 고압송전선에 사용되는 금속이 다른 이유

그러나 우리 주변에서 사용하는 도선 내부의 금속은 은^{Ag}이 아니라 구리를 사용합니다. 그 이유는 은을 사용하면 비용이 훨씬 비싸지기 때문이며, 또한 구리를 사용해도 충분히 전류가 잘 흐르기 때문입니다. 저항률이 작은 순으로 비교해 보더라도 은은 인데 비해 구리는 이기 때문에 비율적으로 볼 때 구리에 전류가 흐르는 정도는 은의 95% 정도이므로 크게 차이가 없습니다.

저항률이 작은 금속 순위에서 네 번째인 알루미늄은 고압송전선에 사용됩니다. 알루미늄은 가볍고 구리의 3분의 1 정도의 가격이기 때문에 전선 비용을 저렴하게 만들 수 있습니다.

고압송전선에는 대량의 전류가 흐르기 때문에 전선(도선)을 굵게 만들어야만 합니다. 같은 크기의 전류를 흘려보내는 경우, 구리로 만들면 너무 무거워져서 송전탑 간격을 가깝게 세워야만 합니다. 그러나 무게가 가벼운 알루미늄을 사용하면 송전탑 간격을 멀리 띄울 수가 있어서 비용을 줄일 수 있습니다.

전선에도 알루미늄선을 사용하게 되었다

일본의 간사이 전력에서 배전선을 새롭게 교체할 때 '알루미늄 전선'을 사용하기로 결정했고, 2016년부터 본격적으로 구리 선에서 알루미늄선으로 변경하기 시작했습니다. 지금까지는 고압송전선에는 알루미늄이 거의 백 퍼센트 사용되었지만, 그 외의 전선에는 구리가 많이 사용되었습니다. 그러나 이제는 그 밖의 전선들도 알루미늄으로 바꾸려고 하는 것입니다. 그렇게 하는 가장 큰 장점은 가격과 관련이 있습니다.

그렇기는 하지만 알루미늄은 전류가 흐르는 정도가 구리보다 떨어지기 때문에, 알루미늄선의 직경이 두꺼워져서 전봇대의 강도가 바람의 압력에 견디지 못하는 문제를 해결해야 했습니다. 그러나 전선 표면에 골프공처럼 요철을 만들어서 바람의 저항을 줄임에 따라, 기존의 전봇대에서도 바람의 압력을 견딜 수 있게 되었습니다. 이렇게 해서 알루미늄선으로 교체를 진행하게 되었습니다.

44-2 금속의 가격 비교 (1 킬로그램 당 대략적인 가격)

금	Au	620만 엔 (약 5,597만 원)	
은	Ag	9만 엔 (약 81만 원)	
구리	Cu	1천 엔 (약 9천 원)	
알루미늄	Al	230 엔 (약 2,076원)	

(2021년 3월 기준)

단자에 금으로 도금을 하는 이유

오디오 기기에 연결하는 이어폰이나 헤드폰 중에서 가격이 비싼 것들은 단자의 구리에 금^{Au}으로 도금을 하는 경우가 있습니다. 이렇게 하는 이유는 무엇일까요. 앞서 살펴보았던 전류가 흐르기 쉬운 정도는 은·구리·금·알루미늄 순이었지만, 이 순서는 어디까지나 순수한 금속인 경우에 해당합니다. 구리는 도선처럼 절연체(부도체)로 덮여 있는 경우에는 표면이 쉽게 산화되지 않지만, 단자처럼 커버가 없는 부분이라면 산화를 막을 보호 조치가 필요합니다. 그래서 표면에 도금을 하는 것입니다.

은은 공기 중의 황화수소가스와 결합해 거무스름한 황화은 피막을 생성하기 때문에 단자 도금에는 부적절합니다.[164] 게다가 이어폰이나 헤드폰처럼 단자를 잭에 끼우기도 하고 빼기도 하는 경우에는 가능한 한 표면이 변색되지 않는 금속으로 도금을 하는 것이 좋을 것입니다.

그렇기 때문에 고급 이어폰이나 헤드폰의 단자에는 전류도 잘 흐르고, 표면 부식에도 강한 금을 사용해 금 도금을 하는 경우가 있습니다. 이때 금에 코발트^{Co}나 니켈^{Ni}을 혼합해 경도를 높입니다. 다시 말해, 외관을 고급스럽게 보이게 하기 위해서 금 도금을 하는 것은 아니라는 의미입니다.[165]

164　황화수소는 화산이나 온천뿐만 아니라 혐기성 미생물로 인해 도랑 같은 곳에서 발생하기도 한다. 황화은 피막은 본래의 금속보다도 전류가 훨씬 흐르기 어렵게 만든다.

165　동일한 이유로 금 도금을 그 밖의 전자 기기의 커넥터 부분에 사용하는 경우도 있다. 금 도금을 하지 않는 경우에는 주석 도금을 한다.

건전지는 어떻게 전기를 만들어낼까요?

옛날에는 건전지라고 하면 망간 건전지를 일반적으로 사용했지만, 지금은 강한 힘을 오랜 기간 유지할 수 있는 알칼리 건전지를 주로 사용합니다. 이 건전지들은 각각 어떤 원리로 전기를 만들어내는 것일까요?

일차전지(일회용 타입)와 이차전지(충전이 가능한 타입)

전지는 크게 태양전지 같은 물리전지와 건전지 같은 화학전지로 나눌 수 있습니다. 화학 전지는 물질의 화학 변화로 전기를 만듭니다. 화학전지에는 화학변화를 일으켜 전기 에너지를 만들어내는 물질이 들어 있는 것입니다. 화학전지에는 일차전지(일회용 타입)과 이차전지(충전이 가능한 타입)이 있습니다. 일차전지는 크게 분류하면 망가니즈 건전지와 알칼리 망가니즈 건전지(이하, 알칼리 건전지)가 있습니다.

지금은 건전지를 사용하는 기기 대부분이 알칼리 건전지를 사용하게 되어 있습니다. 그 이유는 알칼리 건전지가 강한 힘을 오래 유지할 수 있기 때문에, 모터를 작동시키는 기기나 안정된 전기를 필요로 하는 전자기기에 적합하기 때문입니다. 또한 망가니즈 건전지는 사용하

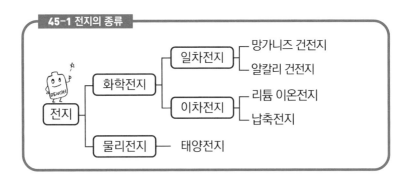

45-1 전지의 종류

고 있지 않는(쉬고 있는) 동안 회복력이 강하기 때문에 버튼을 눌렀을 때만 적외선을 방출하는 리모컨과 같은 용도에 적합합니다.[166]

일차전지의 원리

전지는 전자를 받는 플러스극과 전자를 방출하는 마이너스극, 전해질, 이렇게 세 부분으로 구성되어 있습니다.[167] 망가니즈 건전지는 중앙에 탄소^C(흑연)의 집전체(전자를 모으는 곳)가 있고, 그 주위에 플러스극의 이산화 망가니즈가 탄소가루와 전해질의 염화아연 수용액과 혼합된 것이 있으며 그 바깥은 마이너스극의 아연^{Zn}이 감싸고 있습니다.

  알칼리 건전지의 경우에는 중앙에 집전체가 있고, 플러스극에는 이산화 망가니즈가 마이너스극에는 아연이 사용되었다는 점은 망가니즈 건전지와 동일합니다. 그러나 전해질이 강알칼리 수산화나트륨 용해액이라는 점과 집전체가 황동(구리와 아연의 합금)이라는 점에 차이가 있습니다. 또한 내부 구조도 다릅니다. 마이너스극의 아연 분말을 수산화 칼륨 수용액에 혼합해 걸쭉한 상태가 된 것을 중앙 집전체 주위에 채워 넣고, 이 집전체가 마이너스 단자 역할을 합니다. 아연분말과 수용액을 걸쭉해진 상태로 만들어 세퍼레이터로 나눈 플러스극의 이산화 망가니즈가 있습니다. 마이너스극에서 이동한 전자를 바깥쪽의 금속 케이스에서 플러스극의 이산화 망가니즈로 전달합니다.

---

166 참고: 『도해 우리 주변에 있는 '과학'을 세 시간 만에 이해할 수 있는 책』(아스카 출판사) '06·망가니즈 건전지와 알칼리 건전지는 어떻게 다를까요?'.

167 여기서 말하는 플러스극과 마이너스극은 정확히 말하면 플러스극 활물질과 마이너스극 활물질을 의미한다. 활물질은 실제로 전자를 받기도 하고 전자를 방출하기도 하는 물질을 가리킨다.

건전지의 전극 재료로는 옛날에도 지금도 이산화 망가니즈와 아연이 주로 사용됩니다. 구하기가 쉽고, 가격이나 환경 문제에서도 장점이 있기 때문입니다.

알칼리 건전지를 만드는 주요 원소는 플러스극의 이산화 망가니즈가 망가니즈^{Mn}와 산소^{O}로 구성되어 있고, 마이너스극은 아연이며, 전해질의 수산화칼륨이 칼륨^K, 산소, 수소^{H}로 구성되어 있습니다. 마이너스극의 물질과 플러스극의 물질을 나누는 세퍼레이터는 특수한 종이이며, 원소는 탄소^C, 수소, 산소로 구성되어 있습니다. 집전체는 황동에 도금을 하는데, 주요 원소는 황동의 구리^{Cu}와 아연입니다.

건전지의 플러스극과 마이너스극을 꼬마전구나 모터에 연결해서 회로를 만들면 마이너스극의 아연이 전자를 방출해서 아연 이온이 됩니다. 이 전자는 회로를 통해 플러스극으로 이동하며, 플러스극의 이산화 망가니즈가 전자를 받아서 변화합니다. 이러한 전자의 이동을 통해 꼬마전구에 불이 켜지게 됩니다.[168]

건전지를 충전하면 어떻게 될까요?

망가니즈 건전지를 충전하면 플러스극에서는 염소가, 마이너스극에서는 수소가 발생하기 때문에 원래 상태로 돌아가지 못하며 파열될 위험이 있습니다. 알칼리 건전지를 충전하면 플러스극에서 산소가, 마이너스극에서 수소가 발생하기 때문에 이 경우에도 동일한 위험성이 있습니다.

---

168 전자는 회로를 마이너스극에서 플러스극으로 이동하는데, 이 때 전류는 반대로 플러스극에서 마이너스극으로 흐른다고 정의되어 있다.

45-2 망가니즈 건전지와 알칼리 건전지의 구조

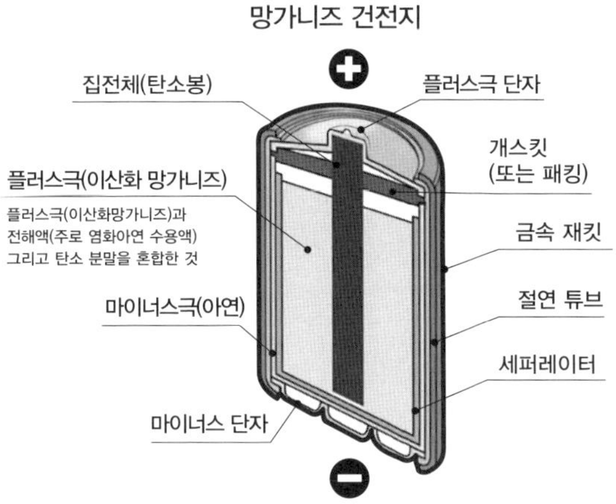
망가니즈 건전지
집전체(탄소봉)
플러스극 단자
개스킷
(또는 패킹)
플러스극(이산화 망가니즈)
플러스극(이산화망가니즈)과
전해액(주로 염화아연 수용액)
그리고 탄소 분말을 혼합한 것
금속 재킷
마이너스극(아연)
절연 튜브
세퍼레이터
마이너스 단자

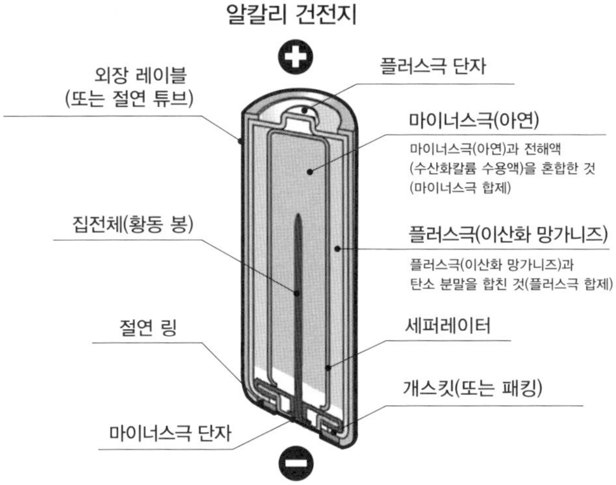
알칼리 건전지
플러스극 단자
외장 레이블
(또는 절연 튜브)
마이너스극(아연)
마이너스극(아연)과 전해액
(수산화칼륨 수용액)을 혼합한 것
(마이너스극 합제)
집전체(황동 봉)
플러스극(이산화 망가니즈)
플러스극(이산화 망가니즈)과
탄소 분말을 합친 것(플러스극 합제)
절연 링
세퍼레이터
개스킷(또는 패킹)
마이너스극 단자

46

리튬 이온 이차전지는 어떤 것일까요?

휴대전화, 스마트폰, 노트북, 태블릿 PC처럼 사이즈가 작고 대량의 전력을 소비하는 단말기들이 증가하고 있습니다. 이러한 단말기들에는 전부라고 해도 괜찮을 정도로 거의 대부분 리튬 이온 이차전지가 사용됩니다.

이차전지는 '충전이 가능한 전지'

충전하면 재사용 할 수 있는 전지를 이차전지 또는 축전지(영어로 배터리)라고 합니다. (그림 45-1)

옛날부터 이차전지의 대표 격으로 납축전지를 사용했는데, 이것은 지금도 자동차용 배터리로 흔히 사용됩니다. 가벼우면서 작은 크기인 밀폐형도 있으며, 사무기기나 통신기기 등의 휴대용 전지로 널리 사용되고 있습니다. 그러나 오랜 기간 사용하지 않고 방치해두면 열화가 진전되기 쉽다는 단점이 있습니다.

그리고 시간이 흐르면서 소형이고 고성능인 이차전지로 니켈 카드뮴 이차전지나 수소 니켈 이차전지가 등장했지만 현재 가장 널리 보급된 것은 리튬 이온 이차전지(리튬이온배터리)입니다.[169] 리튬 이온 이차전지는 최근에 휴대 전화의 단말기뿐만 아니라 전기 자동차에도 탑재되고 있습니다.

리튬의 특징과 전지의 구조

리튬 이온 이차전지에서는 리튬 이온이 전자의 이동에 기여합니다. 내

---

169   리튬 이온 이차전지의 원형은 일본 아사히 카세이 기업의 요시노 아키라 명예 펠로(fellow)가 확립했으며, 이 공적을 인정받아서 2019년 노벨 화학상을 수상했다.

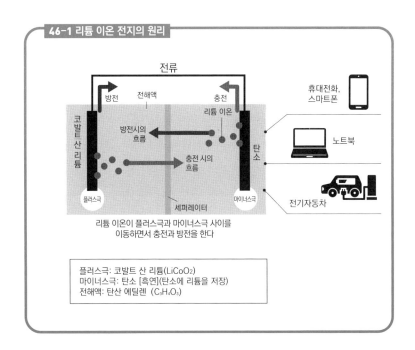

46-1 리튬 이온 전지의 원리

전류

방전 전해액 충전

코발트산리튬

리튬 이온

방전시의 흐름

충전 시의 흐름

탄소

플러스극

세퍼레이터

마이너스극

휴대전화, 스마트폰

노트북

전기자동차

리튬 이온이 플러스극과 마이너스극 사이를 이동하면서 충전과 방전을 한다

플러스극: 코발트 산 리튬(LiCoO₂)
마이너스극: 탄소 [흑연](탄소에 리튬을 저장)
전해액: 탄산 에틸렌 (C₃H₄O₃)

부는 리튬 이온을 저장하는 마이너스극과 리튬과 반응해서 전자를 주고받는 플러스극으로 나뉘어 있으며, 충전 및 방전(전지로 사용하는 것) 시에 리튬 이온이 전해액을 통해 빠르게 이동합니다.

플러스극, 마이너스극, 전해액의 예를 들어보겠습니다. 원소로는 주로 리튬[Li], 코발트[Co], 산소[O], 탄소[C], 수소[H] 외에도 집전장치 역할을 하는 구리[Cu]가 사용됩니다.[170] 이 외에도 세퍼레이터나 절연체 원소들이 추가됩니다.

안전 대책과 발화사고

리튬 이온 이차전지의 전해액에는 수용액이 아니라 에틸렌 계의 유기

---

170 플러스극의 코발트 화합물 속 코발트는 희소 금속이기 때문에, 생산량이 더욱 풍부하고 저렴한 철 화합물과 같은 대체품을 찾기 위한 연구가 계속 진행되고 있다.

'쾌적한 생활'에서 찾아보는 원소

용매를 사용합니다. 수용액을 사용하면 전압에 따라 분해가 일어날 수 있기 때문에 쉽게 분해되지 않는 유기 용매를 사용하는 것입니다.

이 유기용매는 가연성이므로 과충전하거나 쇼트를 일으키거나, 이상 충전 및 방전을 하거나, 과하게 가열하면 불타거나 폭발할 수 있습니다. 그래서 내부 압력이 상승하면 전류를 차단하는 안전밸브를 내장하고 있습니다.[171] 또한 고도의 제어 기구를 삽입해서 과충전을 방지합니다.

2006년에 여러 대기업이 발표한 신규 노트북에 사용된 리튬 이온 이차전지가 발화하거나 이상 과열 우려가(발화 사고가 실제로 발생함) 있어서 많은 리콜(자체 회수, 무상 교환)이 발생했습니다.[172]

물론 이러한 문제가 일어날 때마다 기업들은 보다 강화된 안전 대책을 취해왔기 때문에 지금은 문제가 거의 해결되었다고 볼 수 있습니다.

46-2 리튬 이온 이차전지의 장점과 단점

장점	단점
• 전지 소형화, 경량화가 가능하다 • 대용량이고, 충전하면 반복해서 사용이 가능하다 • 수명이 길다	• 발열 및 고온에서 발화 위험성이 있다 • 안전 대책을 위한 비용이 발생한다

---

171 이 안전밸브는 플러스극의 요철부에 있으며, 일정 이상의 압력이 가해지면 가스를 외부로 방출한다.

172 그 후에도 때때로 발화 사고가 발생했다. 2010년에는 수많은 리튬 이온 이차전지를 싣고 비행하던 화물 항공기가 기내에서 발생한 화재로 인해 추락했다.

액정이나 유기 EL의 원소는 무엇일까요?

최근 10년간 휴대폰은 대부분 스마트폰으로 바뀌었으며, 텔레비전은 액정이나 유기 EL 디스플레이로 바뀌었습니다. 여기에는 어떤 원소가 사용되었는지 살펴봅시다.

액정 디스플레이의 구조

액정 디스플레이 한 장을 만들기 위해서는 여러 소재를 겹쳐 쌓아야 합니다. 그 중심부에 있는 액정 셀의 구조는 '편광판+[유리판+투명전극+액정+투명전극+유리판]+컬러 필터+편광판'으로 구성되어 있으며, 그 뒤편에는 백색광을 내는 백라이트 등이 있습니다.

　유리판에는 규소^{Si}나 나트륨^{Na}, 칼슘^{Ca}이 있고, 투명 전극에는 인듐^{In}이나 주석^{Sn}과 같은 원소가 포함되어 있습니다.[173] 편광판이나 컬러 필터는 수지(플라스틱)로 만들어져 있으며, 탄소^{C}, 수소^{H}, 산소^{O}와 같은 원소들로 구성되어 있습니다.[174] 백라이트에는 백색 LED가 사용되는 경우가 많으며, 알루미늄^{Al}이나 갈륨^{Ga}, 이트륨^{Y}, 세륨^{Ce} 등이 사용됩니다.[175]

액정은 무엇으로 만들어졌을까요?

액정은 '액체와 고체의 중간 상태'입니다. 액체처럼 분자의 방향이나 위치가 불규칙적인 것도 아니고, 그렇다고 해서 고체처럼 분자가 정렬

173　'34·유리는 어떤 원소로 구성되어 있을까요?' '55·영상 디스플레이를 만드는 인듐'참조.

174　'35·플라스틱과 종이가 친척 관계라고요?' 참조.

175　'37·LED는 형광등과 어떻게 다를까요?' 참조.

되어 있는 것도 아니며, 액정의 분자는 느슨하게 정렬한 상태입니다. 그렇기는 하지만 모든 물질이 액정 상태가 될 수 있는 것은 아닙니다. 액정 상태가 될 수 있는 물질을 가리켜 액정재, 액정성 분자, 혹은 단순히 액정이라고 부르기도 합니다.

액정성 분자는 유기 화합물입니다. 구성 원소는 탄소, 수소, 산소 그리고 질소[N]입니다. 실제 액정 디스플레이는 한 종류의 액정 재료가 아니라 약 십여 종의 액정재가 혼합되어 사용됩니다. 액정은 정렬 방식이 느슨하기 때문에 열이나 전압을 가하면 정렬 방향을 바꿀 수 있습니다. 이렇게 해서 백라이트의 빛이 통과하는 정도를 조절해 영상을 투영할 수 있습니다.

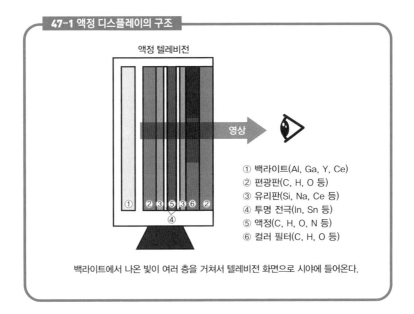

47-1 액정 디스플레이의 구조

액정 텔레비전

영상

① 백라이트(Al, Ga, Y, Ce)
② 편광판(C, H, O 등)
③ 유리판(Si, Na, Ce 등)
④ 투명 전극(In, Sn 등)
⑤ 액정(C, H, O, N 등)
⑥ 컬러 필터(C, H, O 등)

백라이트에서 나온 빛이 여러 층을 거쳐서 텔레비전 화면으로 시야에 들어온다.

유기 EL 디스플레이

일반적인 LED(발광 다이오드)가 무기 화합물로 구성되어 있는데 비해, 유

기 EL(Electro-Luminescence)은 유기 화합물을 사용하기 때문에 '유기 LED'
라고도 불립니다.

유기 EL 디스플레이는 액정 디스플레이와 비교하면 명암이 뚜렷하
고, 옆에서 보아도 또렷하게 보이는 것이 특징입니다. 또한 응답 속도
가 빠르고 부드럽기 때문에 아름다운 영상을 감상할 수 있다는 것도
장점입니다. 그리고 대단히 얇게 만들 수 있어서 중량을 가볍게 할 수
있다는 장점이 있기 때문에 스마트폰에 탑재되었습니다.

유기 EL은 유기 화합물로 구성되어 있기 때문에 탄소나 수소와 같은
원소가 주성분이고, 산소, 질소, 황^S, 규소, 알루미늄 등이 분자에 포함
되는 경우도 있습니다.

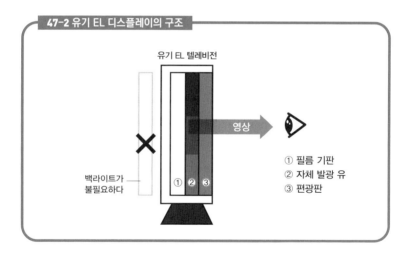

47-2 유기 EL 디스플레이의 구조

유기 EL 텔레비전

영상

백라이트가
불필요하다

① ② ③

① 필름 기판
② 자체 발광 유
③ 편광판

터치 패널·배터리·콘덴서

스마트폰의 화면과 텔레비전 화면의 가장 큰 차이는 터치 패널이라는
점입니다. 스마트폰의 터치 패널은 정전용량 방식이라고 불리는 종류
로, 생체 전기를 검출하는 방법으로 터치 여부나 터치 위치를 검출합

'쾌적한 생활'에서 찾아보는 원소

니다. 이 기술에는 투명 전극으로 인듐과 주석 산화물이 사용됩니다.

스마트폰에는 배터리가 탑재되어 있습니다. 이 배터리는 리튬^{Li}을 이용한 리튬 이온 전지[176]입니다. 리튬 이온 전지는 가볍고 대용량이며 안전성도 높은 뛰어난 전지입니다. 휴대할 수 있는 장치의 경우 경량화는 중요한 과제입니다. 전자 부품 중 하나인 콘덴서[177]도 예외가 아닙니다. 콘덴서를 소형화하기 위해서는 탄탈럼^{Ta}이라고 하는 익숙하지 않은 원소가 사용됩니다. 탄탈럼을 사용한 콘덴서는 소형이지만 고성능이기 때문에 스마트폰에 없어서는 안 될 원소입니다.

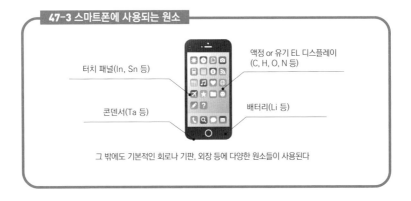

47-3 스마트폰에 사용되는 원소

터치 패널(In, Sn 등)

액정 or 유기 EL 디스플레이 (C, H, O, N 등)

콘덴서(Ta 등)

배터리(Li 등)

그 밖에도 기본적인 회로나 기판, 외장 등에 다양한 원소들이 사용된다

---

176 '46·리튬 이온 이차전지는 어떤 것일까요?' 참조.

177 전기를 축적하거나 방출하는 전자 부품.

자동차 배기가스는 어떻게 정화하는 걸까요?

자동차는 일상생활에서 흔히 볼 수 있는 교통수단이며, 우리 생활에서 없어서는 안 될 존재입니다. 많은 소재들을 조합해서 만들기 때문에 사용되는 원소의 종류도 다양합니다.

자동차에 사용되는 삼대 재료

자동차는 2~3만 개의 부품을 조합해서 만들어집니다. 이렇게 많은 부품들을 크게 나눠 보면 철강, 알루미늄 합금, 수지로 분류할 수 있습니다. 이것이 자동차의 삼대 재료입니다.

철강은 주성분이 철^{Fe}이며, 소량의 탄소^{C}가 섞여 있습니다.[178] 뛰어난 성능을 위해 크로뮴^{Cr}이나 니켈^{Ni}, 몰리브데넘^{Mo} 등을 섞는 경우도 있습니다. 이 재료는 엔진이나 기어, 차체 등에 사용됩니다.

알루미늄 합금의 주성분은 이름에서 알 수 있듯이 알루미늄^{Al}입니다. 여기에 구리^{Cu}, 마그네슘^{Mg}, 망가니즈^{Mn}를 혼합한 '두랄루민'이라고 하는 합금을 엔진이나 차체에 사용합니다.

수지는 삼대 재료 중에서 유일한 비금속 재료입니다. 소위 말하는 플라스틱 재료[179]이며, 주성분은 탄소, 수소^H, 산소^{O}입니다. 수지는 핸들이나 좌석과 같은 자동차의 내장에 사용됩니다.

가능한 한 가볍게 제작하기 위해서

당연한 말이겠지만, 자동차는 움직이는 물체입니다. 움직이는 물체를

---

178 '21·풍요로운 현대 사회를 이룩한 철' 참조.

179 '35·플라스틱과 종이가 친척 관계라고요?' 참조.

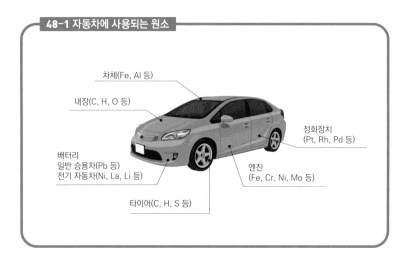

차체(Fe, Al 등)

내장(C, H, O 등)

정화장치
(Pt, Rh, Pd 등)

배터리
일반 승용차(Pb 등)
전기 자동차(Ni, La, Li 등)

엔진
(Fe, Cr, Ni, Mo 등)

타이어(C, H, S 등)

만들 때 중요한 것은 가능한 한 가볍게 만드는 것입니다. 차체가 가벼우면 가벼울수록 움직이기 위한 에너지가 적게 들기 때문에 연비가 좋아지고 환경을 보호하는 데도 도움이 됩니다. 또한 사고를 일으켰을 때의 위험성도 줄어듭니다.

자동차의 삼대 재료를 무거운 순서대로 나열하면 철강, 알루미늄 합금, 수지의 순서가 됩니다. 그렇다면 이상적으로는 자동차의 가능한 한 많은 부품을 수지로 만드는 것이 좋을 것 같다는 생각이 들 수 있습니다. 실제로 자동차의 차체처럼 교체가 비교적 간단한 부분부터 철강은 알루미늄 합금으로, 알루미늄 합금은 수지로 점점 바뀌어 가고 있습니다.

그러나 수지는 내열성이나 강도가 철강처럼 뛰어나지 않기 때문에 모든 부품을 수지로 교체하는 것은 쉬운 일이 아닙니다.

튼튼한 타이어에는 황을 사용한다

자동차의 타이어는 고무로 만들어져 있으며 주요 성분은 탄소와 수소입니다. 타이어는 매일 도로와 강하게 접촉하며 마찰하기 때문에, 일반 고무를 사용하면 금방 너덜너덜해질 것입니다. 이를 방지하기 위해서 타이어에는 다양한 배합제를 사용하는데, 그중에서도 특징적인 원소로 황^{S}이 있습니다. 고무에 황을 배합하면 고무의 분자들이 황으로 연결되는 '가교'라고 불리는 화학 반응이 일어나서 강도와 탄성이 증가합니다.

각양각색의 배터리

전기 자동차나 하이브리드 자동차는 물론이고, 휘발유로 움직이는 일반 자동차에도 엔진을 기동하기 위한 배터리가 탑재되어 있습니다. 일반 자동차들에는 납축전지라고 불리는 배터리가 사용됩니다. 이 배터리는 전극에 납^{Pb}이나 산화납$[PbO_2]$을 사용하며, 전해액에는 황산$[H_2SO_4]$을 사용합니다.[180]

전기 자동차에는 보다 강한 전압이 필요하기 때문에, 많은 전지를 탑재할 필요가 있습니다. 다시 말해 각각의 전지를 작고 가볍게 만들어야만 하는 것입니다. 그래서 이전부터 니켈 수소 축전지$_{(Ni, La, H 등)}$가 많이 사용되었습니다.[181]

최근에는 리튬 이온 전지$_{(Li, Co, C 등)}$를 사용한 것도 있습니다.[182] 예를 들어, 일본 닛산 자동차의 전기 자동차인 '리프'는 리튬 이온 전지를 192개 사용해서 약 360볼트의 전압을 얻습니다.

180　실제 배터리는 납축전지를 직렬로 연결해 총 12볼트의 전압을 사용한다.

181　'53·수소 가스를 모으는 '란타넘'' 참조.

182　'46·리튬 이온 이차전지는 어떤 것일까요?' 참조.

'쾌적한 생활'에서 찾아보는 원소

배기가스를 정화하는 원소들

자동차의 배기가스를 정화하기 위해서 백금^{Pt}, 로듐^{Rh}, 팔라듐^{Pd}을 사용합니다. 자동차의 엔진에서 나온 배기가스에는 일산화탄소나 질소 산화물과 같은 성분이 포함되어 있어서, 그대로 배출하면 환경과 인체에 유해하기 때문에 규제의 대상이 되었습니다.

따라서 배기가스를 차체에서 배출하기 전에 일산화탄소와 질소 산화물을 정화하기 위한 필터를 삽입합니다. 이 필터는 표면에 나노 사이즈의 백금, 로듐, 팔라듐 입자가 도포되어 있고, 배기가스를 무해한 가스로 변환하는 촉매 역할을 합니다. 이것을 '3방향 촉매'라고 하며 배기가스가 이 나노 입자에 접촉하면 비교적 무해한 이산화탄소와 질소 가스로 변하기 때문에 배기하더라도 문제가 없습니다.[183] 우리가 자동차를 안전하게 사용할 수 있는 것은 이러한 원소들이 역할을 수행하고 있는 덕분인 것입니다.

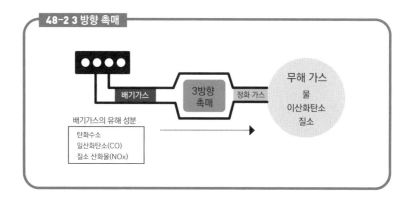

48-2 3 방향 촉매

배기가스 → 3방향 촉매 → 정화 가스 → 무해 가스 물 이산화탄소 질소

배기가스의 유해 성분
탄화수소
일산화탄소(CO)
질소 산화물(NOx)

183　탄화수소를 물과 이산화탄소로 산화시키고, 일산화탄소는 이산화탄소로 산화시킨다. 질소 산화물은 질소로 환원한다.

'첨단 기술' 속의
원소

49

'희소 금속'이란 무엇일까요?

희소 금속이란 말 그대로 희소(레어) 한 금속(메탈)을 의미하는 것으로, 일본 경제 산업성에서 1980년대에 지정한 '매장량이 적다' '채취하기 쉽지 않다'와 같은 기준에 해당하는 47종류의 원소가 해당됩니다.

매우 귀중한 희소 금속

희소 금속에 대해서는 여러 정의가 있지만 여기에서는 '지구상에 존재하는 양이 희소하거나, 기술적 및 경제적인 이유로 추출이 쉽지 않은 금속 중에서 현재 공업용 수요가 있고, 앞으로도 수요가 있을 것으로 예측되는 것, 앞으로의 기술 혁신과 더불어 새로운 공업 용도의 수요가 예측되는 것'으로 정의합니다.

천연에 존재하는 약 90종류의 원소 중에서 47종류의 원소가 희소 금속으로 지정되어 있습니다.[184] 그러므로 천연 원소의 절반 정도가 희소 금속인 것입니다. 희소 금속의 종류는 크게 네 가지로 나눌 수 있습니다. '백금족', '희토류(레어 어스)', '나라에서 비축하고 있는 것', '그 밖의 것'입니다. 희소 금속은 최근의 공업 기술에서 매우 중요한 역할을 하고 있으며, 다양한 제조 공업에서도 빼놓을 수 없는 중요한 자원을 총칭하는 것입니다.

희소 금속의 주요 기능으로는 자성·촉매·공구의 강도 증강·발광·반도체의 성질 등이 관련됩니다. 그리고 휴대 전화·디지털카메라·컴퓨터·

---

184 어떤 기준으로 희소 금속으로 분류할 것인지는 연구자들에 따라서 의견이 다르다. 예를 들어, 루테늄, 로듐, 오스뮴, 이리듐을 희소 금속에 포함시키는 경우도 있다. 또한 47종류에는 붕소^{B}나 텔루륨^{Te}처럼 금속 원소가 아닌 것도 포함되어 있다.

텔레비전·전지·각종 전자 기기 등 다양한 기기에서 희소 금속을 사용합니다. 희소 금속은 현재 우리 생활을 보다 풍요롭게 만들기 위해 필요한 기기들을 제조하는 데 필수 불가결한 것입니다.

49-1 주기율표와 희소 금속

매장량은 많지만 추출이 쉽지 않은 금속도 포함한다.
입수 난이도에 더해, 향후의 공업용 수요도 고려한다.

49-2 희소 금속의 특징

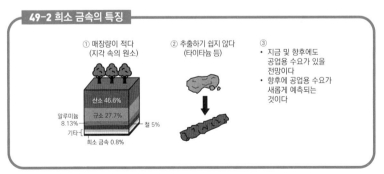

① 매장량이 적다
(지각 속의 원소)

산소 46.6%
알루미늄 8.13%
규소 27.7%
철 5%
기타
희소 금속 0.8%

② 추출하기 쉽지 않다
(타이타늄 등)

③
• 지금 및 향후에도 공업용 수요가 있을 전망이다
• 향후에 공업용 수요가 새롭게 예측되는 것이다

'첨단 기술' 속의 원소

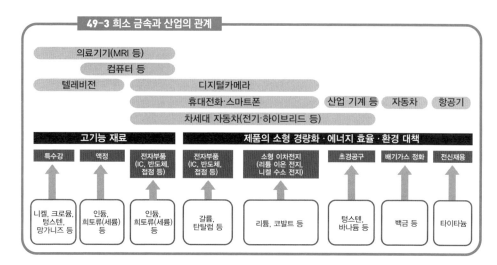

49-3 희소 금속과 산업의 관계

| 고기능 재료 | 제품의 소형 경량화 · 에너지 효율 · 환경 대책 |

- 의료기기(MRI 등)
- 컴퓨터 등
- 텔레비전
- 디지털카메라
- 휴대전화·스마트폰
- 산업 기계 등
- 자동차
- 항공기
- 차세대 자동차(전기·하이브리드 등)

| 특수강 | 액정 | 전자부품 (IC, 반도체, 접점 등) | 전자부품 (IC, 반도체, 접점 등) | 소형 이차전지 (리튬 이온 전지, 니켈 수소 전지) | 초경공구 | 배기가스 정화 | 전신재용 |

| 니켈, 크로뮴, 텅스텐, 망가니즈 등 | 인듐, 희토류(세륨) 등 | 인듐, 희토류(세륨) 등 | 갈륨, 탄탈럼 등 | 리튬, 코발트 등 | 텅스텐, 바나듐 등 | 백금 등 | 타이타늄 |

희소 금속의 산출국

희소 금속의 주요 산출국은 중국·러시아·북아메리카·남아메리카·호주·남아프리카와 같은 특정 나라들에 치우쳐 있습니다. 안타깝게도 한국이나 일본은 산출량을 자랑할 만한 희소 금속이 없습니다.

예를 들어, 매장량으로 살펴보면 중국이 몰리브데넘^{Mo}, 텅스텐^{W}, 안티모니^{Sb}에서 세계 1위를 차지하고 있고, 러시아는 바나듐^{V}으로 세계 1위, 니켈^{Ni}은 공동 2위를 차지하고 있으며 북아메리카는 갈륨^{Ga}, 텔루륨^{Te}으로 세계 1위를 차지하고 있습니다. 남아메리카의 칠레는 리튬^{Li}으로 세계 1위를 차지하고 있으며, 브라질은 나이오븀^{Nb}과 탄탈럼^{Ta}으로 세계 1위를 차지하고 있습니다. 호주는 타이타늄^{Ti}과 니켈로 세계 1위를 차지하고 있으며, 남아프리카는 백금족, 크로뮴^{Cr}으로 세계 1위를 차지하고 있고, 망가니즈^{Mn}는 공동 2위를 차지하고 있습니다.[185] 그리고 실제로 채굴해서 생산하는 양은 중국이 단독 1위를 달리고 있습니다.

---

185   이 순위는 2008년의 것이다.

49-4 국가에서 비축하고 있는 희소 금속

바나듐 V
크로뮴 Cr
망가니즈 Mn
코발트 Co
니켈 Ni
몰리브데넘 Mo
텅스텐 W

산출국의 정책이나 수출 방침이 변경되는 등의 이유로 향후에는 희소 금속이 부족해질지도 모릅니다. 따라서 다양한 공업 제품에 없어서는 안 될 희소 금속의 공급량을 안정적으로 확보하기 위해서 일본에서는 1983년부터 금속 광업 자원 기구법에 근거해 희소 금속 중 7종 약 1개월 분량을 비축하고 있습니다. 한국에서는 2008년부터 약 64.5일치 분량의 희토류, 크로뮴, 타이타늄 등을 비롯한 10종류의 희소 금속을 비축하고 있습니다.

희소 금속에 대한 국가 전략

희소 금속 산출국들은 희소 금속을 수출해서 외화를 벌어들이고, 한국을 포함한 희소 금속 소비국들은 이를 수입해서 제품을 생산하고, 생산된 제품을 수출해서 이익을 내고 있습니다. 그러나 최근 들어 이러한 구조에 변화가 생기기 시작했습니다.

예를 들어, 희소 금속 산출국인 중국은 희소 금속을 국가 전략의 핵심 중 하나로 삼고, 희소 금속의 수출을 규제했습니다. 이것은 자국 내의 하이테크 산업 성장에 따른 수요 증가에 더해 희소 금속의 가치를 높이기 위해서라고 추측됩니다. 중국의 수출 규제로 인해 우리는 원료의 부족으로 생산에 차질을 빚고 있습니다. 따라서 중국에만 의존하는 것이 아니라, 다른 나라들과도 협력 관계를 넓혀나가고 있습니다.

'첨단 기술' 속의 원소

50

'도시 광산'을 파헤치다

도시에서 대량으로 폐기되는 가전제품에는 유용한 금속 자원이 많이 포함되어 있습니다. 그렇기 때문에 이를 '도시 광산'이라고 부르며 재활용하려는 움직임을 보이고 있습니다.

원소는 유한하다

우리 주변에는 수많은 전자제품이 있습니다. 스마트폰이나 노트북을 시작으로 하는 다양한 전자제품들에는 지구의 귀중한 자원들이 많이 사용됩니다. 희소 금속(희귀 금속)은 물론이고 희소 금속이 아니더라도 자원이 한정되어 있는 원소가 있습니다.

예를 들어, 전자 부품에서 빼놓을 수 없는 금^{Au}은 자원이 한정적인 원소로, 2019년 말까지 인류가 채굴한 금의 총량은 약 20만 톤이고, 이것을 수영 경기장 규모로 환산하면 겨우 경기장 네 개 분량에 지나지 않습니다.[186] 전 세계의 금을 모두 긁어모아도 그 정도 양밖에 안 되는 것입니다.

원소는 보통 다른 원소로 변환할 수 없습니다. 그렇기 때문에 많은 원소들은 지구상에 존재하는 양이 한정적인 재산이며, 무턱대고 소비하고 폐기하다 보면 그러한 원소들이 우리 생활에서 사라져버릴 우려도 있는 것입니다.

---

186 금은 '유한한 자원'임에 틀림없지만, 일본 경제산업성이 규정한 '희소 금속'에 포함되지는 않는다. '18·찬란한 광채로 인류를 매료하는 금과 은' 참조.

원소를 '도시 광산'에서 발굴하다

앞서 언급한 것과 같은 우려가 있다면 당연하게도 재활용을 고려해 볼 생각이 들겠지요. 실제로 폐기된 구형 전자제품이 산더미같이 버려진 것을 '도시 광산'이라고 부르며, 사용된 부품들에서 금속 자원을 '발굴하는' 작업이 진행되고 있습니다.[187] 예를 들어 금의 경우에는 일본의 경우만 해도 약 6,800톤의 금이 잠들어 있다는 대략적인 계산이 있습니다. 이를 무시할 수는 없겠지요.

도시 광산을 발굴해서 부를 축적할 수 있을까요?

집 안을 잘 찾아보면 구형이 되어서 더 이상 사용하지 않는 스마트폰이나 컴퓨터가 여러 대 있을 수도 있습니다. 그러한 폐기 전자제품을 모아서 귀금속을 추출해 돈을 벌어들이는 것은 불가능할까요?

금을 예로 들어보자면, 개인이 도시 광산에서 금을 발굴하는 방법은 크게 나누면 두 가지가 있습니다. 전기 화학의 힘을 빌리는 '전해법'과 약품 처리 방법으로 떼어내는 '침전법'입니다.

전해법을 사용하려면 비교적 본격적인 화학 지식이 있어야 하고, 전해 장치가 포함된 키트를 구입하는 데 70~80만 원 정도의 비용이 듭니다. 침전법은 초기 자본이 약 10만 원 정도이고 작업 자체도 간단하지만, 건강상의 문제가 발생할 위험성이 높고, 환경에도 해를 끼치는 폐

---

187 일본에서는 2013년부터 '소형 가전제품 재활용법'을 시행하는 등 귀금속을 효율적으로 재활용하려 하고 있다.

기 용액이 대량 발생합니다.[188]

컴퓨터 한 대에 사용되는 금은 미미한 양에 불과하기 때문에 돈이 되는 정도의 금을 모으기 위해서는 폐기 컴퓨터가 수십에서 수백 대 필요합니다. 다시 말해, 안타깝게도 개인이 도시 광산을 발굴해서 돈을 벌어들이는 것은 현실적이지 않다는 것입니다.

---

188 게다가 초기 투자비용 10만 원에는 방호복과 폐기 용액 처리 설비 비용은 포함되어 있지 않다.

51

반지에서부터 암 치료에까지 사용되는 '백금'

액세서리로 친숙한 백금은 최첨단 과학 현장에서 가장 활약하고 있는 원소입니다. 백금은 자동차의 배기가스 장치나 암 치료에까지 사용되고 있습니다.

일상생활에서는 액세서리로 많이 사용

백금^{Pt}은 액세서리 재료로 잘 알려져 있습니다. 백금을 사용한 반지를 '플래티넘 링'이라고 부르는 것처럼, 백금을 플래티넘이라고 하는 경우도 있습니다.[189] 백금은 금^{Au}보다 귀중한 금속입니다. 금이 연간 2,500톤 생산되던 해의 백금 생산량은 200톤이었습니다. 고가의 액세서리에 적합한, 말 그대로 귀중품인 것입니다.

옛날에는 일본에서도 백금을 채취할 수 있었고,[190] 한때는 수출을 할 정도였습니다. 그러나 지금은 일본에서 백금을 수출할 수 없게 되었고, 전 세계 총생산량의 70퍼센트가 남아프리카 공화국에서 나오고 있습니다.

우수한 촉매

백금에는 액세서리 이상의 용도가 있습니다. 바로 화학 공장이나 연구에서 사용되는 '촉매'의 역할입니다. 백금의 총 산출량의 30퍼센트 정도가 액세서리에 사용되고, 약 40퍼센트가 촉매에 사용됩니다.

189 그러나 마찬가지로 액세서리로 사용되는 '화이트 골드'는 금과 니켈, 팔라듐과 같은 원소의 합금이며 백금이 아니다.

190 일본 홋카이도 지역 북부의 돈가리(소야곶)에서 남쪽 돈가리(에리모곶)까지 통과하는 산골짜기에서 백금 가루가 채취되었다.

백금이 촉매로 사용되는 가장 익숙한 사례는 자동차의 배기가스를 정화하는 '3방향 촉매'라고 불리는 것으로, 이 촉매에는 백금, 로듐[Rh], 팔라듐[Pd] 이렇게 세 원소가 사용됩니다.[191] 그 밖에도 석유 정제 공정이나 비료의 원료가 되는 초산[HNO_3]을 합성할 때도 사용됩니다.

백금을 마셔서 암을 치료할 수 있다고요?

백금에서 항암제를 제조하는 경우도 있습니다. 시스플라틴이라고 하는 물질로, 일본에서는 1985년에 승인을 받고 사용되고 있습니다(미국에서는 1978년에 FDA 승인을 받았습니다).[192] 링거를 통해 시스플라틴을 정맥에 주사해서 암세포의 세포 분열을 억제할 수 있습니다. 그러나 동시에 정상적인 세포 분열도 저해하는 경우가 있기 때문에 위장에 부담이 가고, 구역질과 구토와 같은 부작용이 있습니다.

　그래서 시스플라틴을 개량해 위장의 부담을 완화시킨 항암제인 카

51-1 백금의 여러 가지 활용

플래티넘 반지　　　　배기가스 정화 촉매　　　　항암제

191　'48·자동차 배기가스는 어떻게 정화하는 걸까요?' 참조.

192　화학식은 [$Cl_2H_6N_2Pt$]이고, 상품명은 '브리플라틴(BRIPLATIN)' 또는 '란다(Randa)'
　　　이다.

보플라틴이라는 물질[193]이 등장했습니다. 카보플라틴에는 시스플라틴처럼 백금이 사용되며 미국은 1989년에 FDA 승인을, 일본은 1990년에 인증을 받았습니다.

193   화학식은 $[C_6H_{12}N_2O_4Pt]$이고, 상품명은 '파라플라틴(PARAPLATIN)'이다.

52

로켓이나 원자로에 반드시 있어야 하는 '베릴륨'

학교에서 원소에 대해 배울 때 '원소 기호 암기 노래'를 배우는 경우도 많을 것입니다. 베릴륨은 원소 중에서도 특히 익숙하지 않을 수 있습니다. 이 원소는 어디에서 어떤 역할을 하고 있는지 살펴봅시다.

대단히 우수한 원소이다

홑원소 물질 베릴륨 ^{Be}은 표면에 강한 산화피막을 생성해 공기 중에서도 안정적으로 취급할 수 있는 금속입니다. 무게가 대단히 가볍다는 특징이 있으며, 밀도는 알루미늄^{Al}의 3분의 2밖에 되지 않습니다. 또한 알루미늄보다 융점이 약 600℃나 높고, 내열성도 더할 나위 없습니다. 합금 재료로 사용하기에도 우수하며, 구리^{Cu}와의 합금인 '베릴륨구리'는 내부식성과 강도가 대단히 뛰어납니다.[194]

큰 결점도 존재

그러나 베릴륨은 일상생활에서는 거의 사용할 일이 없습니다. 베릴륨의 분진은 대단히 강한 독성을 띠고 있기 때문입니다. 1940~1950년에 베릴륨 합금을 가공 및 생산하는 공장의 종업원이 차례로 호흡곤란과 식욕부진, 악성 종양과 같은 증상을 호소했습니다. 이것은 '베릴륨 중독'이라고 불리는 질환입니다. 지금은 방진을 철저히 실시해서 이 질환을 피할 수는 있지만, 우리가 일상적으로 접촉하는 물건에는 사용할

---

194 구 소련(지금의 러시아)에는 베릴륨 합금의 우수성에 대해 다룬 '멋진 합금'이라는 희곡마저 있을 정도였다. 이 희곡은 블라디미르 미하일로비치 키르손의 작품으로, 1937년에 일본의 스기모토 료이치가 일본어로 번역해 출판했다.

수 없는 원소인 것입니다.

그러나 활용도는 존재한다

인체에 해가 된다고는 하지만 사람이 접근하지 않는 장소 혹은 결점을 감수하더라도 사용해야만 하는 장소에서는 베릴륨을 사용하고 있습니다.

앞서 소개한 베릴륨구리는 전투기의 전기 계통과 레이더의 일부에 사용됩니다.[195] 산화베릴륨은 내화성이 뛰어나기 때문에 원자로의 재료나 로켓 엔진 연소실에 사용됩니다. 베릴륨은 엑스레이가 잘 통과하며, 대기 중에서도 안정적입니다. 이러한 특성을 살려 엑스레이 발생 장치에서 엑스레이를 전송하는 창문의 소재로 사용됩니다. '창문'이라고 표현했지만, 내부를 볼 수는 없습니다. 다시 말해 가시광선은 통과시키지 않지만 엑스레이는 어떤 소재보다도 잘 통과시키는 신기한 창문인 것입니다.

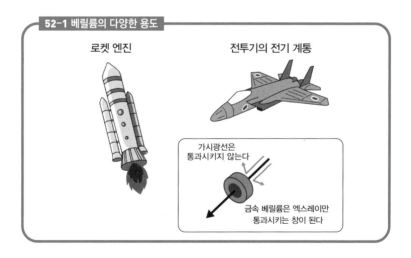

52-1 베릴륨의 다양한 용도

로켓 엔진

전투기의 전기 계통

가시광선은
통과시키지 않는다

금속 베릴륨은 엑스레이만
통과시키는 창이 된다

---

195 전투기는 국방의 주요 장비이기 때문에 대다수 나라에서는 희소 금속인 베릴륨을 확보해야만 한다.

'첨단 기술' 속의 원소

53

수소 가스를 모으는 '란타넘'

주기율표를 보면 주요 항목 아래에 추가로 적혀있는 것 같은 원소가 두 줄 있는 것을 볼 수 있습니다. 그중의 윗줄을 '란타넘족'이라고 합니다. 그리고 그곳에서 첫 번째로 언급된 원소가 란타넘입니다.

니켈 수소 전지의 중요한 재료

란타넘^{La}의 가장 중요한 용도는 니켈 수소 전지의 전극을 만드는 것입니다. 니켈^{Ni}과의 합금인 [LaNi5]와 같은 형태로 사용됩니다. '니켈 수소 전지'라는 이름만 가지고는 란타넘을 사용하고 있다는 것을 연상하기 어렵겠지만, 니켈 수소 전지를 탑재한 하이브리드 자동차를 한 대 만들기 위해 약 5~10킬로그램의 란타넘이 필요하기 때문에 대단히 중요한 재료라고 할 수 있습니다. 그렇기는 하지만 최근에는 리튬 이온 전지로 교체하려는 움직임도 있어서 앞으로 란타넘의 중요성이 낮아질지도 모릅니다.

그리고 일본 기업 파나소닉에서 판매하는 충전 건전지 '에네루프(eneloop)'역시 니켈 수소 전지이며, 전극에 란타넘을 사용합니다.

일회용 라이터의 착화 기구에 사용되는 란타넘

란타넘이나 세륨^{Ce}이 주요 성분인 합금 '미시 메탈'에 철^{Fe}을 더하면 '발화 합금'이라고 불리는 금속을 만들 수 있습니다. 이 합금은 약간의 충격만 가해도 불이 붙는 성질이 있어서 일회용 라이터의 착화 기구에 사용됩니다.

수소 가스를 축적할 수 있는 란타넘 합금

란타넘 합금은 자체적으로 수소 가스를 흡수해서 저장할 수 있는 성질을 가지고 있습니다. 수소 가스의 분자(H₂)는 크기가 대단히 작기 때문에 금속에 스며들 수 있습니다. 니켈 수소 전지에 란타넘 합금이 사용되는 것도 이러한 이유 때문입니다.

니켈 수소전지는 이름 그대로 수소 가스를 이용해 충전과 방전을 합니다. 그러나 수소 가스는 쉽게 인화되고 폭발하므로, 그대로 사용할 수는 없습니다. 그래서 수소 가스를 란타넘 합금에 스며들게 해서 폭발하지 않는 상태로 만들어 사용하는 것입니다.

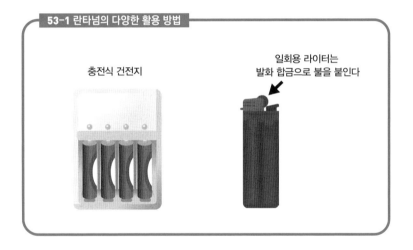

53-1 란타넘의 다양한 활용 방법

충전식 건전지

일회용 라이터는
발화 합금으로 불을 붙인다

'첨단 기술' 속의 원소

54

강력한 자석을 만드는 '네오디뮴과 나이오븀'

네오디뮴과 나이오븀은 모두 자석 기술과 관련이 깊은 원소입니다. 일반적인 자석(영구자석)과 어떤 차이가 있는지, 두 원소가 어떻게 사용되고 있는지를 살펴봅시다.

우리 주변에서 사용되는 가장 강력한 영구 자석: 네오디뮴

우리가 보통 자석이라고 부르는 것은 사실 영구 자석이라고도 합니다. 그냥 놔둬도 계속 자석으로 존재하기 때문입니다. 자석을 사용해서 냉장고에 메모지를 붙여두는 집이 많을 것입니다. 이러한 용도로 사용하는 자석은 '페라이트 자석'이라고 부르며, 철^{Fe}의 산화물이 주성분입니다. 자력의 세기는 그렇게 강하지 않지만, 저렴하게 만들 수 있습니다.

세계에서 가장 강한 자력을 내는 자석은 네오디뮴 자석이라고 불리는 것으로 네오디뮴Nd, 붕소^B, 철, 이렇게 세 종류의 원소가 사용됩니다.[196] 네오디뮴 자석은 강력한 자력이 필요한 제품, 예를 들어서 모터나 헤드폰 등의 부품에 사용됩니다. 또한 의료 현장에서는 신체의 단면도를 촬영하는 용도인 MRI[197]에 삽입하는 자석으로도 사용됩니다.

더 강력한 초전도 전자석 : 나이오븀

전선을 빙글빙글 감은 것을 '코일'이라고 하는데, 여기에 전자를 흘리

---

196 네오디뮴 자석은 1984년에 일본인 연구자 사가와 마사토가 발명했다. 지금은 마트에서 살 수 있을 정도로 저렴해졌지만, 자력이 강하기 때문에 손가락이 끼이는 사고에 주의해야 한다.

197 MRI는 'Magnetic Resonance Imaging'의 약자이다. 자기공명 화상 진단 장치를 의미하며, 자기의 힘을 이용해서 장기나 혈관을 촬영한다.

면 자기장(자계)이 발생해서 코일이 마치 자석처럼 변합니다. 이것을 전 자석이라고 합니다. 영구 자석과는 다르게 전자석은 코일에 전기가 흐 를 때만 자석으로 작용합니다. 흐르는 전류의 크기가 크면 클수록 강 력한 자석으로 작용하기 때문에 조건에 따라서는 영구 자석의 자력보 다 자력이 더 강한 자석을 만들 수도 있습니다.

전선에 나이오븀^{Nb}과 타이타늄^{Ti}의 합금을 사용해서 네오디뮴 자석 을 초월한 대단히 강력한 전자석을 만들 수 있습니다. 나이오븀 합금 을 액체 헬륨으로 영하 263℃까지 냉각시키면 어떤 금속이든 본래 가 지고 있던 약간의 전기저항이 완전히 사라진 '초전도'상태가 됩니다. 전기 저항이 없으면 전류를 손실 없이 전달할 수 있기 때문에 큰 전류 를 전선에 흘려보낼 수 있어서 대단히 강력한 전자석을 만들어낼 수 있는 것입니다.[198]

54-1 영구 자석과 전자석 , 초전도 전자석

	영구 자석	전자석	초전도 전자석
예	[자기장] [상온]	[자기장] 전류 [상온]	[자기장] 전류 [극저온]
자력의 유무	가만히 놔둬도 계속 자석으로 존재한다	전류를 흘려보내면 자석이 된다 전류가 클수록 강력한 자석이 된다	
자력의 강도	온도별로 일정하다 네오디뮴 자석이 가장 강력하다	흘려보낼 수 있는 전류에 제한이 있으며 자력에도 한계가 있다	큰 전류를 흘려보낼 수 있기 때문에 강력한 자력으로 만들 수 있다

198 나이오븀 합금을 사용한 초전도 전자석도 MRI에 사용된다. 또한 초전도 전자석을 사용해서 자력으로 부상하는 고속철도 및 초전도 리니어를 개발하고 있다.

'첨단 기술' 속의 원소

55

영상 디스플레이를 만드는 '인듐'

인듐은 많이 들어보지 못한 원소일지도 모르겠습니다. 인듐은 주로 텔레비전이나 스마트폰의 디스플레이에 사용됩니다. 현대인의 대부분은 인듐의 혜택을 누리며 생활하고 있는 것입니다.

다양한 영상 디스플레이를 실현

인듐[In]은 텔레비전이나 스마트폰과 같은 액정 디스플레이나 터치 패널에 사용됩니다.

인듐 주석 산화물(ITO, Indium Tin Oxide)이라고 하는 세라믹 재료는 분말 상태일 때는 흰색이지만, 눌러서 굳히면 투명하고 얇은 막이 되는 성질을 가지고 있습니다. 이것이 디스플레이에 겹쳐져 있으며, 액정을 조작해서 액정 디스플레이가 되기도 하고, 생체 전기를 검출하는 터치패널이 되기도 합니다.[199]

투명하며 전기가 통하는 성질이 있다

ITO와 같은 재료를 '투명도전막'이라고 하며, 투명도전막으로 제작한 전극을 '투명 전극'이라고 합니다. ITO가 획기적인 이유는 위에 겹쳐 쌓더라도 디스플레이를 볼 수 있는 '투명'한 성질과, 전기 신호를 회로에 흘려보내기 위한 '전기가 통하는' 성질을 동시에 가지고 있기 때문입니다.

투명하지만 전기가 통하지 않는 재료는 '유리'가 있고, 또는 전기가 통하지만 불투명한 재료는 '금속재료'로 고대부터 잘 알려져 있었습니

---

199 '47·액정이나 유기 EL의 원소는 무엇일까요?' 참조.

다. 단 이 두 가지 성질을 모두 가지고 있는 재료는 근대에 들어오기 전에는 알려지지 않았던 것입니다.

55-1 유리 , 금속 , 투명 전극의 역사

	도자기	금속 제품	유리세품	투명도전막
예				
인류가 사용하기 시작한 시기	기원전 2만 년경	기원전 9천 년경	기원전 3천 년경	1950년경
빛을 통과시킨다	×	×	○	○
전기가 통한다	×	○	×	○

ITO의 결점

인듐은 희소한 원소이기 때문에 고갈될 우려가 있습니다. 그래서 최근에는 인듐을 사용하지 않는 투명 전극을 연구하고 있습니다. ITO는 세라믹이기 때문에 같은 종류의 세라믹 밥그릇과 마찬가지로 단단하고 부서지기 쉬운 성질이 있습니다. 그래서 자유롭게 구부릴 수가 없으므로 '접을 수 있는 디스플레이'에는 사용하기 힘듭니다. 이러한 결점을 보완하기 위해서 몇 가지 대체 재료들이 연구되었습니다.[200]

---

200 예를 들어 주성분이 탄소C와 수소H인 도전성 플라스틱은 고갈 우려가 없으며, 접을 수도 있습니다. '35·플라스틱과 종이가 친척 관계라고요?' 참조.

'첨단 기술' 속의 원소

56

다양한 종류의 강철을 만드는 오대 원소

우리 주변에서는 정말 많은 곳에서 철을 주성분으로 한 재료인 '강'을 사용합니다. 그렇다면 강이란 어떤 철을 의미하는지 그리고 '특수한 강'이란 어떤 강을 의미하는지 살펴봅시다.

철을 '강'으로 변화시키는 탄소

강이란 철^{Fe}에 미량의 탄소^{C}가 혼합된 철과 탄소의 합금으로, '탄소강'이라고 부를 수도 있습니다. 원래는 기준치 이상의 순도를 가진 것을 철(순철), 일정 이상의 탄소가 혼합된 것을 강이라고 나누어 불러야 하지만, 제철 공정에서 반드시 탄소가 혼입될 수밖에 없기 때문에 강을 단순히 '철'이라고 부르기도 하고, 둘 다 '철강'이라고 부르기도 합니다.

강의 단단함의 비결은 탄소를 미량 첨가하는 것에 있습니다. 불순물을 포함하지 않는 고순도(99.9999퍼센트) 철의 강도는 강의 10분의 1 정도밖에 안됩니다.[201] 반대로 탄소가 너무 많이(약 2퍼센트 이상) 포함되어 있으면, 강은 철 카바이드[Fe_3C]라고 하는 물질로 바뀌어 버립니다. 이 물질은 대단히 경도가 높지만 부서지기도 쉽기 때문에 세라믹과 같은 재료가 되어버립니다.

따라서 필요로 하는 정도의 경도와 강도를 달성하기 위해서는 너무 많지도 않고, 적지도 않은 적정량의 탄소가 필요한 것입니다.

---

201 반대로 연성이나 전성이 향상되거나 녹이 잘 슬지 않는 장점도 있지만, 강도가 부족하기 때문에 다방면으로 사용하기는 적합하지 않다.

철강의 5대 원소

탄소강을 만들 때 특히 필수로 사용되는 '철강의 5대 원소'라고 불리는 원소가 있습니다. 탄소, 규소^{Si}, 망가니즈^{Mn}, 인^P, 황^S 이렇게 다섯 가지 입니다(철은 대전제이기 때문에 여기서는 포함시키지 않는 것 같습니다).

이 중에서 탄소, 규소, 망가니즈는 강의 성질을 향상시키기는 효과가 있는 한편, 인과 황은 강을 무르게 만드는 원소입니다. 이 다섯 가지 원소는 양이 조금만 달라져도 강의 성질에 영향을 미칩니다.

철강의 5대 원소는 일부러 첨가하지 않아도 재료를 통해서 자연스럽게 혼입됩니다. 그리고 이 5대 원소 이외의 원소를 미량 첨가하면 뛰어난 성질을 가진 특수한 강을 만들 수 있습니다.

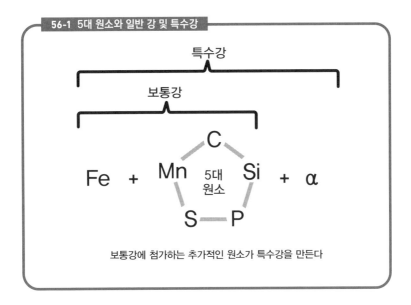

56-1 5대 원소와 일반 강 및 특수강

보통강에 첨가하는 추가적인 원소가 특수강을 만든다

강에 원소를 첨가하다

다양한 원소를 첨가한 특수한 강에 대해 살펴봅시다.

'첨단 기술' 속의 원소

탄소강에 크로뮴^{Cr}을 1퍼센트 정도 첨가한 '크로뮴강'은 내마모성과 내부식성이 뛰어납니다. 크로뮴의 비율을 10퍼센트 정도로 높이면 웬만해서는 녹슬지 않는 강이 만들어집니다. 이것이 우리가 잘 알고 있는 '스테인리스강'입니다.[202] 스테인리스강에는 약 10퍼센트의 크로뮴 외에 니켈^{Ni}을 첨가한 종류도 있습니다. 니켈은 가공성과 더불어 강도와 내열성을 향상시킵니다.

몰리브데넘^{Mo}을 첨가해서 강도를 더 높게 만든 합금도 있습니다. 강에 크로뮴과 몰리브데넘을 첨가한 '크로뮴 몰리브데넘강'은 강도가 높다는 특징 외에도 용접이 쉽다는 장점이 있어서 자동차 프레임이나 부품, 항공기에 사용됩니다. 인장강도를 더 높이기 위해서는 니켈까지 첨가한 '니켈 크로뮴 몰리브데넘강'을 사용하는 경우도 있습니다. 그 밖에도 망가니즈를 첨가한 '망가니즈강'은 인장강도나 내인성이 좋기 때문에 캐터필러의 링이나 토목공사에 사용하는 기자재의 재료에도 사용됩니다.

또한 앞서 '황은 강을 무르게 만든다'고 언급했는데, 이것을 반대로 이용해서 '절삭 가공이 쉬운 강재'를 만들기 위해 황을 첨가하는 경우도 있습니다. 이러한 강을 '쾌삭강'이라고 합니다.

그리고 더욱 특수한 공구나 부품을 만들기 위해서 텅스텐^{W}이나 코발트^{Co}, 바나듐^{V}과 같은 금속을 합금 재료로 사용하는 경우도 있습니다. 바나듐이 혼합된 '바나듐강'은 강도가 높을 뿐만 아니라 내수성도 뛰어납니다.

---

202   스테인리스(stainless)는 '녹슬지 않는다, 오염이 없다'는 의미이다.

금속의 왕

철강은 첨가하는 원소에 따라 다양하게 변화하는 멋진 재료이며, 앞서 언급한 것 외에도 첨가할 수 있는 다른 원소들이 더 있습니다. 철은 한 자로 '鐵'이라고 씁니다. 일본의 유명한 철강 학자인 혼다 고타로[203]는 이 한자와 철의 우수성을 합쳐서 '금속(金)의 왕(王)이로구나(哉)'라고 평가했습니다. 다양한 원소와 조합해서 뛰어난 재료들을 만들 수 있는 철은 그야말로 금속 재료들의 왕이라는 이름에 적합하다고 할 수 있겠습니다.

56-2 특수강의 사례

특수강의 이름	첨가 원소	용도별
크로뮴강	Cr	자동차 부품
스테인리스강	Cr, Ni	싱크대, 철도차량
크로뮴 몰리브데넘강	Cr, Mo	자동차 부품, 항공기 부품
니켈 크로뮴 몰리브데넘강	Ni, Cr, Mo	오토바이 프레임, 엔진
망가니즈강	Mn	캐터필러의 링, 토목공사용 기자재
망가니즈 크로뮴강	Mn, Cr	기계 부품, 철도 차량, 자동차용 스프링
쾌삭강	S	자동차 부품, OA 기기 부품, 시계 부품
텅스텐강	W	공구, 금속 가공용 기자재
크로뮴 바나듐강	Cr, V	공구, 금속 가공용 기자재
마레이징강	Ni, Co, Mo	미사일 부품, 원심 분리기

---

203 혼다 고타로(1870~1954년)는 철강 및 자석 연구의 세계적인 선구자이다. 그가 발명한 철계 영구 자석 'KS강'은 기존의 자석 성능을 훨씬 뛰어넘어 세계를 놀라게 만들었다.

'첨단 기술' 속의 원소

57

방대한 열을 생성하는 원소와 제어하는 원소

2011년 3월 11일에 발생한 동북지방 태평양 지진 이래로 원자력 발전에 대한 관심이 더한층 높아지고 있습니다. 이 장에서는 원자력 발전의 중심부인 원자로를 원소의 관점에서 살펴보도록 합시다.

원자로란 무엇일까요?

원자력 발전에서는 원료가 되는 방사성 원자가 핵분열할 때 방출되는 열을 사용해서 물을 가열합니다. 가열된 물이 끓어올라 수증기가 되고, 발생한 증기로 터빈이라고 하는 날개를 돌려 전기를 만들어냅니다.[204] 원자로는 방사성 원자가 핵분열을 일으키는 곳, 다시 말해 물을 끓이기 위한 열이 발생하는 부분입니다. 무엇으로 열을 만들어낼 것인지 그리고 열을 어떻게 제어하는지가 관건입니다.

연료로는 우라늄을 사용

핵분열을 일으켜서 열을 만들어내는 연료는 우라늄^{U}과 플루토늄^{Pu}입니다. 우라늄 원자 한 개에 중성자를 한 개 충돌시키는 경우를 생각해봅시다. 우라늄 원자는 중성자를 흡수해서 불안정해지고, 즉시 붕괴(분열)를 일으킵니다. 이것이 핵분열입니다. 우라늄 원자는 크립톤^{Kr}의 원자 한 개, 바륨^{Ba}의 원자 한 개, 중성자 세 개, 이렇게 총 다섯 개로 분열하며, 동시에 대량의 열을 방출합니다. 이 열은 물을 끓여서 터빈을 돌리는 데 사용됩니다.

여기서 발생한 세 개의 중성자가 다른 우라늄 원자와 충돌하여 다음

204　이 방법은 '전력을 사용해서 선풍기를 회전시키는' 원리를 반대로 적용한 것이다.

단계인 핵분열을 일으키는 방아쇠가 됩니다. 중성자는 세 개가 있기 때문에 이번에는 세 개의 우라늄 원자가 핵분열을 합니다. 그러면 세 개의 우라늄 원자에서 총 아홉 개의 중성자가 만들어지고, 그다음 단계는 아홉 개의 우라늄 원자가 핵분열을 합니다. 이렇게 계속해서 연쇄 작용이 일어나, 급속하게 열이 발생하는 것입니다. 이 급속한 핵분열을 제어하지 않고 그대로 내버려 두는 것이 원자 폭탄입니다. 한편, 원자로는 중성자의 양을 줄여서 핵분열 속도를 고도로 제어합니다.

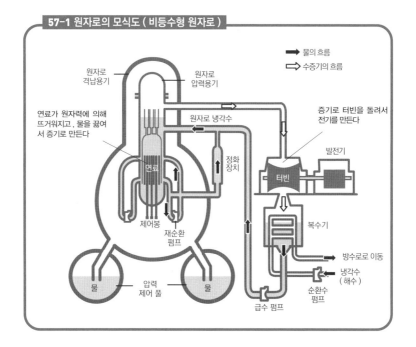

57-1 원자로의 모식도 (비등수형 원자로)

중성자를 줄이는 역할을 하는 제어봉

중성자를 줄이기 위해서는 제어봉이라고 하는 도구를 사용합니다. 제어봉은 중성자를 흡수하는 재료로 만들어졌으며, 원자로 내의 중성자의 양을 줄여서 핵분열 속도를 제어합니다. 제어봉을 만들 수 있는 원

'첨단 기술' 속의 원소

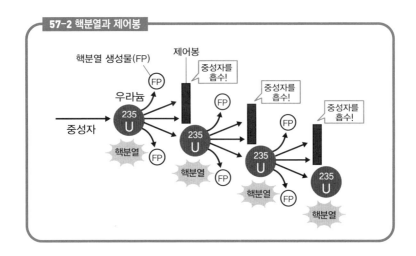

57-2 핵분열과 제어봉

소는 제한적인데, 하프늄^{Hf}이나 카드뮴^{Cd} 혹은 붕소^{B}를 사용합니다.

일본에서 후쿠시마 제1원자력 발전소에서 사고가 발생했을 때, 원자력 발전소에 붕산수를 주입했습니다. 이 방법 또한 연료 주변에 붕소를 추가하여 만약 중성자가 발생한다 하더라도 핵분열이 재발하지 않게 하는 것이었습니다.

원자로를 구성하는 그 밖의 부품

원자로를 구성하기 위한 재료를 세 가지 더 소개하겠습니다.

연료 피복재 우라늄 등을 포함하고 있는 핵연료를 감싸는 케이스 같은 것입니다. 지르코늄^{Zr}이나 알루미늄^{Al}과 같은 합금이 사용됩니다.[205]

---

205 지르코늄은 중성자를 거의 흡수하지 않기 때문에 피복재로 사용되지만, 한편으로는 고온의 수증기와 반응하면 수소 가스가 발생한다. 일본 후쿠시마 제일 원자력 발전소에서는 원자로의 냉각에 실패해서 원자로 내부의 수증기가 고온이 되었고, 이렇게 발생한 다량의 수소 가스가 건물로 새어 나가 수소 폭발이 일어났다.

감속재	우라늄에서 튀어나온 중성자는 다음 핵분열을 일으키기 위해 빠른 속도로 이동하기 때문에, 속도를 적정하게 줄일 필요가 있습니다. 감속재로는 물이 사용됩니다.
차폐재	원자로 밖으로 중성자나 방사선이 누출되지 않도록 하기 위한 벽 재료입니다. 방사선의 종류에 따라 납^{Pb}이나 붕소, 중량 콘크리트 등이 사용됩니다.

원자력 발전의 현 상황

일본 후쿠시마 제1원자력 발전소 사고 이후, 원자력 발전의 위험성에 대해 다시 한번 인식하는 것에 더해 원자력 발전소 가동 현황이 재검토되었습니다. 2020년 9월 23일 시점의 일본 경제 산업성 자료에 따르면 원자로 60기 중에서 24기를 폐기하기로 결정했으며, 가동 중인 것은 겨우 3기라고 합니다.

'첨단 기술' 속의 원소

58

옛날부터 인류와 함께 있어온 원소와 앞으로의 전망

이 책을 마무리할 마지막 원소는 탄소입니다. 인류가 고대부터 친숙하게 사용해 온 원소 중 하나이기도 하며, 생물의 몸을 구성하는 원소이기도 합니다. 그리고 한편으로는 최첨단 기술에도 사용되고 있는 원소입니다.

풀러렌: 탄소로 구성된 축구공

이 장에서는 탄소^{C}의 동소체들을 소개하려고 합니다.[206] 탄소 원자 60~90개 정도가 둥글게 결합한 분자를 '풀러렌'이라고 합니다. 그중에서 유명한 것은 C_{60}이라고 불리는 탄소 원자 60개가 결합한 분자가 있는데, 이 분자는 축구공처럼 정육각형과 정오각형을 붙여서 만든 구형태를 하고 있습니다.

58-1 풀러렌 (C_{60})

축구공 형태의
구형 분자
화장품 등에 사용된다

풀러렌은 처음에 우주의 별에서 도달한 빛을 조사하여 발견되었습니다.[207] 풀러렌은 매우 독특한 분자입니다. 재료는 탄소만 사용하기 때문에 저렴하게 대량 합성할 수 있으며, 플라스틱 강도를 높이거나 화장품에 사용되기도 합니다.

풀러렌의 모양은 아주 동그란 구형태이며 윤활제로 사용된다는 특징

---

206 동소체에 대해서는 '04·홑원소 물질과 화합물의 차이'를 참조.

207 이것을 지구상에서 합성한 화학자들은 1996년에 노벨 화학상을 수상했다.

이 있습니다.[208] 그리고 더욱 재미있는 것은 풀러렌의 내부에는 빈 공간이 있으며, 이 공간에 다른 물질을 넣어둘 수 있다는 것입니다. 최근에는 MRI 검사의 조영제에 사용하는 가돌리늄^{Gd} 원자를 풀러렌[C82]에 가둬서 안전성을 높이는 연구가 주목받고 있습니다.

카본 나노 튜브: 탄소 섬유

수많은 탄소 섬유가 연결되어 튜브와 같은 형태를 이룬 분자를 '카본 나노 튜브'라고 합니다. 화학자 이지마 스미오[209]가 풀러렌을 합성할 때 사용하고 난 후 쓰레기로 버려졌던 전극에서 카본 나노 튜브를 발견했습니다.

이것은 이름 그대로 '튜브'이기 때문에 풀러렌처럼 내부에 다른 물질을 넣을 수 있습니다. 튜브 안에 카본 나노 튜브를 또 넣은 것이 '다층 카본 나노 튜브'이며, 여러 번 겹쳐서 두껍게 만든 것이 '탄소 섬유'로 사용됩니다.

탄소 섬유는 다른 물질에 혼합해서 강도나 내부식성을 향상시키기도 하고, 경량화하는데 사용하기도 합니다. 그래서 보잉 787 여객기의 기체에 탄소 섬유 복합재를 사용해 기체를 경량화하고, 연비를 향상시켰습니다.[210]

---

208 수많은 유리구슬이 떨어져 있는 바닥에서 넘어지지 않고 걷기란 쉽지 않다. 마찰력이 약해지기 때문이다. 이 현상과 같은 발상으로 풀러렌을 윤활제로 사용하기 시작했다.

209 1939년에 출생한 화학자이자 물리학자이다. 노벨상 후보의 한 명으로 거론된다.

210 기체가 가벼워진 만큼 기내를 쾌적하게 유지하기 위한 설비를 추가로 실을 수 있게 되었다. 따라서 탄소섬유는 비행기를 쾌적하게 타는 데 크게 기여했다고 할 수 있다.

'첨단 기술' 속의 원소

그래핀: 앞으로가 기대되는 유망주

연필심을 화학적으로 살펴보면 탄소 원자가 육각 형태로 연결된 얇은 시트가 여러 장 겹쳐진 구조입니다. 이것을 '그래파이트'라고 하며, 여기에서 시트를 한 장 벗겨낸 것을 '그래핀'이라고 합니다.[211]

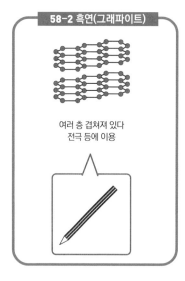

58-2 흑연(그래파이트)

여러 층 겹쳐져 있다
전극 등에 이용

그래핀은 아직 실제로 응용되지는 않았지만, 지금 가장 주목하고 있는 탄소 재료 중 하나입니다. 그래핀의 중요한 특징은 튼튼하며 전기가 잘 통하고, 대단히 가볍다는 것입니다. 이러한 성질은 '두께가 거의 영에 가까우면서 접을 수 있는 터치패널'처럼 마치 꿈만 같은 물질이 만들어질 가능성을 제시합니다.

세계를 재미있는 곳으로 만드는 화학

고대인이 숯을 발견한 때로부터 오랜 세월이 지난 지금, 그와 완전히 동일한 원소가 의학에 공헌하고, 비행을 더욱 쾌적하게 바꾸며, 꿈만 같은 터치패널을 만들기 위한 연구에 사용되고 있습니다. 겨우 숯을 가지고 이런 세상을 만들 수 있다고 누가 상상이나 했을까요. 원소의 가능성을 다양한 각도에서 발견하고, 머릿속에서 상상한 것을 실체로 바꾸는 '화학'이 세계를 이렇게나 재미있는 곳으로 변화시킨 것입니다.

---

211 이 연구와 발견을 한 과학자들은 2010년에 노벨 물리학상을 수상했다.

먼저 자기소개를 다시 하겠습니다. 저는 겐소가쿠탄(@gensogaku)이라고 합니다. 주로 트위터에서 여러분에게 원소나 화학의 즐거움을 공유하기 위해 글을 게재하고 있습니다. 이상한 사람이 아닐까 하고 경계하지 마시기 바랍니다.

제가 겐소가쿠탄이라는 이름으로 트위터에 글을 게재하기 시작한 것은 2013년 3월이었습니다. 그 당시 트위터에서는 친근한 캐릭터 아이콘을 프로필에 등재한 계정들이 접근하기 어려운 느낌인 학술 분야에 대해 다루는 콘셉트의 '과학 이름+탄(애칭)'이라는 '학술탄' 스타일 닉네임이 유행했으며, 저도 그러한 흐름 속에서 원소(겐소)에 관한 재밌는 이야기를 하기 시작했습니다. 그리고 그 이후 쭉 트위터에서 원소나 화학과 관련한 이야기를 하고 있습니다. 몇 년 동안이나 원소에 관한 이야기를 하면 질리지 않느냐고 생각하실 수도 있는데, 질리지 않더군요.

여러분에게 '원소'란 어떤 존재인가요. 시험 때문에 외워야만 하는 싫은 기억이 있을 수도 있고, 학생 시절의 그립고도 씁쓸한 기억이 떠오를 수도 있겠습니다. 무엇이든 간에 '학교에서 배워야 할 과목 중 하나'라는 이미지가 강하지 않을까요.

저에게 원소는 '세계를 내다보기 위한 발판'이자 '세계로 이어지는 창', 이 두 가지를 겸하는 존재였습니다. 원소와 주기율표는 우리를 다양한 세계로 이끌어줍니다. 우주의 탄생, 별들의 내부, 하늘과 바다와 대지, 고대 그리스에서 철학이 싹트고 과학 기술이 탄생해서 현대를 살아가고 있는 여러분 그리고 여러분 자신의 신체, 여러분의 눈이 보고 있는 잉크와 종이(또는 전자기기가 될 수도 있겠지요), 살짝 시선을 돌려보면 어딘가 분명히 존재하고 있을 플라스틱, 금속, 세라믹, 15년 전에는 존재하지 않았던 작은 사이즈의 스마트폰 그리고 아직은 일상생활에서 볼 수 없지만 미래를 만들어 나갈 최첨단 과학 재료에 이르기까지요. '원소'라는 발판을 통해 정말 폭넓은 세계를 볼 수 있는 것입니다. 학교 공부라는 틀 안에서는 아무리 해도 다 담지 못했던 우리의 광대한 '세계'가 원소와 주기율표로 연결되어 있습니다.

이 책에서는 '원소'를 바탕으로 여러분을 다양한 세계로 안내하려고 했습니다. 좀 이상할 수도 있겠지만, 이 책에 적혀 있는 것을 모두 암기하자는 의도로 쓴 책이 아니라는 것입니다. 그보다는 여러분이 가본 적이 없는 세계를 원소를 통해 어느 하나라도 살펴볼 수 있다면 좋겠다는 의미에서 쓴 책입니다.

이것은 여행과 비슷합니다. 여행 도중에 있었던 일을 모두 기억하고 있는 사람은 없겠지만, 한두 가지의 즐거운 경험이 있었다면 그 경험은 무엇과도 바꿀 수 없는 추억이 되고, 다음에도 또 여행을 떠나고 싶은 마음이 들게 됩니다. 이 책도 여러분이 다음 한 권을 읽고 싶어지는 역할을 했으면 좋겠습니다.

 제가 이렇게 원소에 관한 책을 쓸 수 있었던 것은 많은 분들께서 도와주신 덕분입니다. 일반도서의 집필 경험이 거의 전무했던 저에게 제안을 해 주신 사마키 다케오 선생님께는 아무리 감사를 드려도 부족합니다. 그리고 이 책을 쓰는 데 정말 많은 지도를 해 주셨습니다. 감사합니다.

 저와 매일같이 연구한 '학술탄'분들 그리고 그 문화에도 감사드립니다. 여러분과의 매일매일이 저를 만들었습니다. 아스카 출판사 편집부 다나카 유야 씨의 격려와 편집 작업 없이는 이 책이 완성되지 못했을 것입니다. 깊이 감사드립니다. 마지막으로 저와 함께 원소에 대해 즐겁게 이야기하는 트위터, 원소 주기율표 동호회, 유튜브 시청자 그리고 이 책의 독자 여러분께 감사드립니다. 감사합니다.

2021년 4월

겐소가쿠탄

참고문헌

- 사마키 다케오 『정말 재미있는 화학 입문-세계사는 화학으로 이루어져 있다』 다이아몬드 사, 2021년
- 사마키 타케오 편저 『도해-우리 주변의 「과학」에 대해 3시간이면 알 수 있는 책』 아스카 출판사, 2017년
- 사마키 다케오 『재미있어서 잠 못 드는 원소』 PHP 연구소, 2016년
- 사마키 타케오 편저 『저 원소는 어떤 역할을 할까?』 다카라지마사, 2013년
- 사마키 타케오 편저 『제조와 관련된 화학이 가장 이해하기 쉽다 - 우리 주변의 공업제품 을 통해 화학을 이해하다』 기술 평론사, 2013년
- 사마키 타케오(편집장) 《이과의 탐험(RikaTan)》 2012년 여름호(통권 1호)
- 사마키 타케오, 다나카 료지 공저 『쉽게 이해되는 원소도감』 PHP 연구소, 2012년
- 사마키 타케오 감수 『원소백과』 그래픽사, 2011년
- 사쿠라이 히로시 편집 『원소 118의 신지식』 고단샤, 2017년
- 샘 킨 지음, 마쓰이 노부히코 옮김 『숟가락과 원소 주기율표』 하야카와 쇼보, 2015년
- 키스 벨로니즈 지음, 와타나베 타다시 옮김 『레어 RARE 희귀금속에 대해 알아둬야 할 16가지 이야기』 화학 동인, 2016년
- 벤저민 맥팔랜드 지음, 와타나베 타다시 옮김 『별들에서 태어난 세계』 화학 동인, 2017년
- 나카이 이즈미 『원소도감』 베스트 셀러스, 2013년
- 일본 화학회 편집 『원소의 사전』 미미즈쿠 사, 2009년
- 야마모토 기이치 감수 『최신도해 원소의 모든 것을 알 수 있는 책』 나츠메사, 2011년
- 존 엠즐리 지음, 와타나베 마사시 옮김, 히사무라 노리코 옮김 『독성원소』 마루젠, 2008년
- 존 엠즐리 지음, 야마자키 마사시 옮김 『살인분자의 사건부』 화학 동인, 2010년
- 스즈키 쓰토무 감수 『성인을 위한 도감-독과 약』 신세이 출판사, 2015년
- 삿카 스미오 『정말 쉬운 유리 책』 닛칸 공업 신문사, 2004년
- 이자와 쇼고 『정말 쉬운 자동차의 화학 책』 닛칸 공업 신문사, 2015년

- 모리 타츠오『정말 쉬운 유기 EL 책(제2판)』닛칸 공업 신문사, 2015년

- 스즈키 야소지, 니자키 노부야『정말 쉬운 액정 책(제2판)』닛칸 공업 신문사, 2016년

- 히히라 마사히코, 스즈키 유타카『기계 구조용 강·공구강 대전』닛칸 공업 신문사, 2017년

- 구로카와 다카아키『유리의 문명사』하루카제사, 2009년

- 결정 미술관『색재의 박물지와 화학』2019년

- 고분자학회 편집『디스플레이용 재료』교리츠 출판, 2012년

- 다나카 카즈아키『도해 입문-최신 금속의 기본을 다루는 사전』슈와 시스템, 2015년

- 안료 기술 연구회 편집『색과 안료의 세계』산쿄 출판, 2017년

- 사이토 리이치로『풀러렌·나노 튜브·그래핀의 과학』공립 출판, 2015년

- S.J. 리퍼드, J.M. 배그『생물무기화학』도쿄 화학 동인, 1997년

- 히로타 노보루『현대 화학사』교토 대학 학술 출판회, 2013년

- 이시모리 도미타로 편집『원자로 공학 강좌 4 연료와 재료』바이푸칸, 1972년

- 베 엠 키르손 지음, 스기모토 료키치 옮김『멋진 합금·바람의 거리』가이조사, 1937년

- 국립 과학박물관『특별전-원소의 불가사의한 공식 가이드 북』2012년

- 국립 천문대 편집『이과 연표 2020』마루젠 출판, 2019년

- 문부과학성「집집마다 한 장씩 있는 주기율표 제12판」

논문 및 기타

- 니노미야 슈지「토기·도자기가 알려주는 것-화학」'화학과 교육' 40 [1], 14-17, 1992

- 다니구치 야스히로「극동의 토기 출토 연대와 초기 용도」'나고야 대학 가속기 질량 분석계 업적 보고서(16)', 34-53, 2005-03

- 스기시타 아키오「맥주의 맛」'머티리얼 라이프' 7 [2], 45-48 , 1995

- 야마구치 히카리 「유리의 착색에 대하여」 '색재' 52 [11], 642-649, 1979

- 소부카와 히데오, 기무라 키오, 스기우라 마사히로, 「자동차용 촉매의 구조와 특성」 '머티리얼' 35 [8], 881-885, 1996

- 다카유키 단 「재료(제3보, 재료 기술)」 중일본 자동차 단기대학 논총, 49, 2019

- 오타 히로키 「일본의 농수산업 기술사(1)~(7)」 '식물방역' 68 [8] - 69 [4], 2014-2015

- AnthonyT. Tu 「화학병기 독의 작용과 치료」 '일본 구급 의회지' 8, 91-102, 1997

- 사카모토 다카시, 야스타케 아키라 「어개류와 메틸수은에 대해서」 '모던 미디어' 57 [3], 86-91, 2011

- 데라니시 슈호, 사이조 요시코 「도미의 카드뮴 오염과 이타이이타이 병」 '사회 의학 연구' 30 [2], 55-61, 2013

- 하타 아키라 「이타이이타이 병 가해·피해·재생의 사회사」 '환경사회학 연구' 6, 39-54, 2000

- 가케히 유코 「그림에 사용된 천연염료의 활용에 관한 연구(1)」 '미술교육학 연구' 51, 121-128, 2019

- 다카기 오사무 「투명 도전막의 현황과 향후의 과제」 '진공' 50 [2], 105-110, 2007

- 하라다 유키아키 「도시 광산의 가능성과 과제」 '표면 기술' 63 [10], 606-611, 2012

- 마스다 유타카, 고바야시 마사오 「고 내후성 축광 도료 HOTARU의 개발」 '도료 연구' 138, 54-59, 2002